生活因阅读而精彩

生活因阅读而精彩

用等待一朵花开的时间守望幸福

蔷薇 著

中国华侨出版社

图书在版编目(CIP)数据

用等待一朵花开的时间守望幸福 / 蔷薇著.—北京：中国华侨出版社,2014.6（2021.4重印）

ISBN 978-7-5113-4720-6

Ⅰ.①用…　Ⅱ.①蔷…　Ⅲ.①人生哲学-通俗读物　Ⅳ.①B821-49

中国版本图书馆CIP数据核字(2014)第116471号

用等待一朵花开的时间守望幸福

著　　者 / 蔷　薇
责任编辑 / 若　溪
责任校对 / 孙　丽
经　　销 / 新华书店
开　　本 / 787毫米×1092毫米　1/16　印张/17　字数/268千字
印　　刷 / 三河市嵩川印刷有限公司
版　　次 / 2014年10月第1版　2021年4月第2次印刷
书　　号 / ISBN 978-7-5113-4720-6
定　　价 / 48.00元

中国华侨出版社　北京市朝阳区静安里26号通成达大厦3层　邮编:100028
法律顾问:陈鹰律师事务所
编辑部:(010)64443056　　64443979
发行部:(010)64443051　　传真:(010)64439708
网址:www.oveaschin.com
E-mail:oveaschin@sina.com

## 前言

在时而清浅、时而平淡的时光里，我们都在以各自的方式不停地走着，或平静，或紧张，或忙乱，或迷茫，为了理想和目标，我们追逐着、收获着，也失去着，我们会欣喜、会感动，也会泪流，脚步依然慌慌张张、匆匆忙忙。

花开，需要恒久的等待。

昙花虽能拥有璀璨绽放的瞬间，却也历经了一生孤寂的等待。人生如花，需经历恒久的磨砺才能灿烂一夏。

一杯水，即使落满灰尘也依旧澄明，因为它懂得沉淀。人亦如此。若想守得云开见月明，必将经历岁月的沉淀和生命的考验，淡泊荣辱，淡定得失，淡然悲喜，安静地坚持，最后，美好的爱情，成功的事业，都会微笑着向你走来。

然而，在红尘烟雨中，却有太多的诱惑和欲望，让我们欲罢不能。有时，会迷了眼睛，乱了步调，可这一切，不过都是梦一场，终归尘土，这些水中月、镜中花的幻影，也不过是海市蜃楼而已。何必，为了浮华和芜杂的虚名，丢了最初的宁静。爱情也好，名利也罢，都是简单的最好。

在人生的旅途中，心灵要恪守平淡，不奢求，不仰望，不幻想，不迷茫，不抱怨，持一颗安定的心，享一种本真的情。如此，便能让你的人生因持久而留香，生命和灵魂，在平静如水的日子里开出花来。

人生总要经历苦难。没有一帆风顺的旅途，没有不经风雨的人生。无论生活中是乌云密布，还是花香满丛，我们都要小心翼翼地漫步前行，笑迎风雨，只有经历过蛰伏的寒冬，才能喜迎一鼻梅香。慢慢来，不慌张，放开手，收收心，看一看天边云，听一听林下泉，你想要的，岁月都会给你。因为春天总会到来，花儿总会开。

当你尝尽人间冷暖，经过岁月沧桑，学会了与这个世界温柔相拥，不急躁、不慌张、不迷茫，你会安然看到，前方等待你的，是一路花开的美景。

所以，亲爱的，别急，走着走着花就开了。

# 目 录
CONTENTS

## 第一章 | 走过人生寂寞的海

一路寂寞相随的成长 \ 003
我们无法挑选手中的牌，每张牌都要打好 \ 005
经过风雨，看彩虹 \ 006
不因卑微看轻自己 \ 008
微小的事，也能成仰望的高峰 \ 010
守候的寂寞，是痛苦更是美丽 \ 013
寂寞的大海 \ 016
找到心灵方向的力量 \ 019

## 第二章 | 若爱，请相守

没有谁会永远在原地等你回来 \ 023
如生命般的爱情 \ 026
对方的心是最好的房子 \ 029
细数平淡的温暖 \ 031

爱情的繁花　\ 038

那就是，爱情　\ 040

如果没有爱，就守住寂寞　\ 042

40年，习惯了寂寞　\ 047

温柔的注视，从未移开　\ 049

那份比天高的爱　\ 051

## 第三章 ｜ 坐在时光里等待花开

把潮湿的心烘干　\ 057

是金子，即使深陷泥土，也终会发光　\ 059

请允许我尘埃落定　\ 060

沉住气，如楠竹　\ 065

心里有目标，就不在意脚下是何道路　\ 066

像跪射俑一样，避开无谓的纷争和伤害　\ 068

如果你是一块"石头"，就用心雕刻　\ 069

萨贺芬的花落花开　\ 071

漫步在阳光风雨中　\ 074

## 第四章 ｜ 跳一场华丽的独舞

爱在等待　\ 079

孤独的自由　\ 082

东方有一生所爱 \ 085
缘的线 \ 091
一场寂寞而华丽的独舞 \ 094
一曲华尔兹 \ 096

## 与世界温柔相拥 | 第五章

忙着活，还是忙着死 \ 103
我只是一个医生 \ 105
付出真情 \ 108
心不迷失，守住爱 \ 111
书虽无字，却是希望 \ 115
每一个人都需要拥抱取暖 \ 118
你所拥有的世界和出身无关 \ 121

## 以清净心看世界，用欢喜心过生活 | 第六章

经常修剪，就好了 \ 125
羊的价钱 \ 127
摘最有味道的果子 \ 128
淡如水的交情 \ 129
共桌而食的幸运 \ 131
即使是假的，也如同是真的 \ 134

把金子扔进池塘 \ 136
理想化作温情的歌曲 \ 137
生活简单了，才有精力投入到热爱的事业 \ 139
不失其赤子之心 \ 141

## 第七章 | 守住心中的孤芳

鸟儿飞翔在天空，天空是它的位置 \ 147
迟暮的岁月，赶上早年的爱情 \ 148
你离天堂最近 \ 151
美是一种不带偏见的装饰与接纳 \ 153
盐放得过多，就会咸得难以入口 \ 155
你能为这个世界做些什么 \ 157
成功看似遥遥无期，却在悄悄到来 \ 162

## 第八章 | 没有苦难的人生不是人生

泡制美味人生 \ 167
在低谷中蓬勃向上 \ 170
苦难成就了他 \ 172
等到那个时刻，绽放人生之花 \ 173
十余年的酝酿，终成《飘》 \ 175
抓住每一个细小机会，成功就在不知不觉间到来 \ 176

## 一季寒冬后的梅香　|　第九章

谁怕，一蓑烟雨任平生　\ 181
没有经历过失败的人生不是完整的人生　\ 184
快乐在身边　\ 188
天地间原本如此澄明　\ 190
坚持，让世界更真　\ 192
一次又一次勇敢地站起来　\ 195
天籁之音是如何唱响的　\ 197

## 幸福，等你牵住它的手　|　第十章

平淡如水的温情　\ 203
沧海桑田，情花曾开　\ 205
陪在身边的最美丽　\ 207
一朵花要找到属于自己的春天　\ 210
脚下的鞋子　\ 213
"执子之手"的平淡无奇　\ 214
幸福，等你牵住它的手　\ 218
生活会有另一片天空　\ 219
给爱情以最温柔细致的呵护　\ 222

## 第十一章 | 饮尽冷暖，找到自己的瓶子

只是为了遇见你 \ 227
独舞与陪伴 \ 230
盛开在自己的瓶子里 \ 233
谁也没有偷走你的爱情 \ 235
一起站在阳光下 \ 238

## 第十二章 | 一转身，花开有声

放手后的美丽 \ 245
哪怕你的梦想只是一件粗布衣 \ 247
一次转变，一次重生 \ 249
用积极的心态面向未来 \ 251
没有永恒的冬天 \ 254
就为这一次 \ 257
就是不放弃 \ 258

/第一章/ 走过人生寂寞的海

人生是一段寂寞的旅程。在这漫长的时光里，或清或浅，或平或淡，岁月因经久而留香。在平淡清净的日子里，不奢求，不仰望，不幻想，不迷茫，不抱怨，持一颗安定的心，享一种本真的情。如此，便不枉此生。

## 一路寂寞相随的成长

人们说爱情永远都是两个人的事情，我们可以为了心中所爱而默默品尝等待的寂寞，但更重要的是在寂寞里审视自己，使自己变得更坚强。

春日里阳光总是暖洋洋的，瑜和他一起在校园围墙外那片景色美丽的田野上散步。芳香的油菜花田里飞舞着五颜六色的蝴蝶，瑜指着花朵上两只上下翩跹的蝴蝶对他说："你看那两只蝶儿，为什么它们总是缠绵不离地飞在一起呢？"

"它们也许是一对正在享受甜蜜爱情的恋人呢，就像我们一样！"他微笑着说。

瑜娇嗔地白了他一眼："就你的想象力丰富。"

他笑着凑到瑜的耳边说："如果你喜欢，我去把它们抓来送给你，好不好？"

瑜还没来得及制止，他就从背后变戏法似的拿出一只塑料袋，蹑手蹑脚地向那两只蝴蝶靠近。突然，他向前一扑，两只飞在一起的蝴蝶便被装进了袋子里。

他将装有两只蝴蝶的袋子递给瑜，一本正经地说："好好照顾它们，如果一只飞走了，另一只就会因为孤独和寂寞而活不下去。"

瑜小心翼翼地将那两只蝴蝶护在手心里，然后挺直腰杆一甩头发，笑嘻嘻地大声说："遵命，长官！"

回去之后，瑜把两只小精灵放进一只精致的玻璃瓶里，开心地抱着瓶子就像抱着他们的幸福，一刻也舍不得放下。但是，最终两只蝴蝶还是在数天后相继安静地死去了。瑜捧着两只一动不动的蝴蝶伤心极了，他安慰说：

"把它们风干后放在一起吧，死能同穴，它们定然也是快乐的。"于是，在瑜带锁的日记本里从此多了两只风干的蝴蝶。

不知道是不是快乐的日子总是太匆匆，转眼间充斥着伤感和离别的6月就到来了。瑜和他毕业了，同时他们也都收到了用人单位的邀请函，只不过一个在南一个在北，天各一方。分别的那个晚上，瑜拿出一个信封递给他："这里面是那两只蝴蝶当中的一只，想我的时候看见它就如同是看到了我。"

他拉住瑜的手放在心口说："傻丫头，别担心，等我，我一定会回来的。"

从此，瑜和他过上了异地相恋的日子，瑜孤孤单单地在陌生的城市里痴痴等待他的归来，但是瑜并不难过，因为在这孤单等待的寂寞里有她甜蜜的希望，她常常看着夹在日记本里的蝴蝶幻想着某一天他会突然出现在自己面前，面带微笑地将自己拥入怀中。

但梦想终究抵不过残酷的现实，这一切都伴随着他一封姗姗来迟的信件而瞬间破灭。他在信中说他爱上了别人，希望瑜可以忘记他，开始新的生活。面对这突如其来的背叛，瑜感觉到自己的心都在滴血。她用尽气力使自己平静下来，然后给他打去电话："把那只蝴蝶还给我吧，因为，如果一只蝴蝶飞走了，留下的这一只会孤独的。"

电话中，他吞吞吐吐地答应了。很快，瑜就收到了一个装有一只蝴蝶的包裹，可是当瑜把两只蝴蝶重新放在一起时，却发现那只蝴蝶已经不是当初她送给他的那只，因为当初在送给他时，心细如发的瑜在那只蝴蝶身上留了只有自己才知道的小小印迹。在那一刻，瑜感觉到心底里的某一个地方突然空了一块。

有的时候，在爱情里的人甚至不会比两只蝴蝶幸运，因为爱情可以是两只蝴蝶的全部，但却不可能是两个人生命的全部，因为除了爱情之外，每个人都还必须面对现实与责任，还有一路寂寞相随的成长。

## 我们无法挑选手中的牌，每张牌都要打好

一个人也许无力改变他所处的环境，但如何适应环境则是自己完全可以控制的。人生难免会碰上许多困难和挫折，在面对困难和挫折时，怨天尤人没有任何意义；积极调整好生活态度，尽最大的努力去做好每一件事，才是最佳的选择。

艾森豪威尔是美国第34任总统，他年轻时特别喜欢玩纸牌游戏。

一天晚饭后，艾森豪威尔像往常一样和家人一起打牌。他的运气特别不好，每次抓到的牌都很差。开始时他只是抱怨，后来，他实在是忍无可忍，便向家人大发脾气。

母亲看不下去了，正色道："既然要打牌，不管牌是好是坏，都必须将手中的牌打下去。好运气怎么可能都让你碰上？"

艾森豪威尔还是不服气，仍然很暴躁。母亲于是又说："孩子，人生就和这打牌一样，无法自主，不管你名下的牌是好是坏，你都必须拿着，你没有选择，你必须面对。你能做的，就是让浮躁的心平静下来，然后认真对待，想办法把自己的牌打好，力争达到最好的效果。这样打牌、这样对待人生才有意义！"

母亲的话如醍醐灌顶，让艾森豪威尔猛然省悟。此后，他一直牢记母亲的话，无论境遇怎样糟糕，心情如何寂寞孤独，他都激励自己去积极进取。

就这样，他一步一个脚印地向前迈进，成为中校、盟军统帅，最后成为了美国总统。

发到我们手中的牌总是有好有坏，别人的好运气或许会让你心境凄凉，但一味抱怨是没有半点用处的，也无法改变现状。印度前总理尼赫鲁也曾经说过这样一句话："生活就像是玩扑克，发到的那手牌是定了的，但打法却取决于你自己的意志。"

记住，我们无法挑选手中的牌，我们分到什么就是什么，别无选择，也不可更换，一味抱怨和叹息，只能在孤独中枯萎；我们能够做的、应该做的，就是如何将手中的牌优化组合，并力求把每张牌打好！

## 经过风雨，看彩虹

梦想总是遥不可及，是不是应该放弃？很多时候我们会有这样的感叹。我们所追寻的梦太远太远了，远到似乎用尽这一生的时间都走不到它的面前，但是总有一些勇敢的人以他们的坚持告诉我们，不要灰心失望，通往成功的路永远是艰辛而寂寞的，我们所能做的只能是与寂寞为伍，并时刻提醒自己成功就在下一个拐角等候！

在那个寒冷的冬季，他出生在俄罗斯哈巴罗夫斯克北部的一个小城。他的家坐落在一条地处偏僻农村的铁路附近，父母都在铁路上工作。婴儿时期他体弱多病，还常常发烧，最后患上了慢性肺炎，一出生就住了整整三个月的医院。后来父母搬到了伏尔加格勒，因为那里相对来说比较温暖，有利于他的治疗。

家人渐渐发现，他的病之所以久治不愈，主要是因为他的体质太过孱弱。那么，如何才能增强他的体质呢？父母进行了各种尝试，对年仅4岁的他进行了诸如滑雪、跳舞、滑冰、双杠等多项体能训练。

在训练过程中，小小的他逐渐喜欢上了滑冰，且一发不可收，每天都要在冰场上练一两个小时才罢休。体质的柔弱，使他不能坚持太久而无数次滑倒；坚硬的冰面，使得他幼小的身体伤痕累累。而如此艰辛的付出，却并未让他在滑冰方面取得多大的成绩。更令他伤心的并非来自身体上的伤痛，而是冰场上无数人对他的嘲笑，幼小的他不得不品尝着孤独和失败。

父母安慰他，说滑冰本就是为锻炼身体，不必太在意。他的教练却对他说："别去管他们的嘲笑，你是这里年纪最小的孩子，但你一定能成为这里的第一。"虽然教练只是想增强他的信心，但这句话却深深地烙印在他心里。

失败并没能让他退缩，他的信念反而更加坚定，勇气变得更大。他坚信自己一定能够成功。从那以后，在伏尔加格勒的冰场上，人们总会看到一个金头发、蓝眼睛的小男孩在为着自己的梦想跳跃旋转。

23年后，他的梦想终于实现。年仅27岁的他，接连获得了欧锦赛、世锦赛、世界花样滑冰总决赛等多项大赛的冠军，他凭借自己独特的四周跳和美丽的贝尔曼旋转征服了世人。

他，就是普鲁申科，世界著名的"冰坛王子"。

不经历风雨怎么能见彩虹？没有人能轻轻松松地成功。年纪轻轻就能称冠世界冰坛，从小就体弱多病还能连续多年称雄不败的普鲁申科，用他奇迹般的成功向我们展示了一颗安守寂寞、永不放弃自己梦想的心所能到达的高度。

## 不因卑微看轻自己

有人说，造物主总是把高贵的灵魂放在卑微的身体里，就像我们喜欢把家里最宝贵的东西放在最不起眼的地方一样。生命的开始，我们对于这个世界没有选择的权利，但这并不妨碍我们即使在人生最低潮的时候依然保持不卑不亢的优雅。

因为复读费比较高，高考落榜后，他便放弃了继续求学的想法，辗转到了南方去打工。由于一没学历二没技术，只能在一家小公司里当保安，主要工作就是上下班做个登记，晚上住公司。公司总共二十几个人，除了他以外，个个都是大学毕业，他的工资只有人家的三分之一，但他很满足，也十分珍惜这份工作，勤勤恳恳地干着，和大家相处得也很融洽。由于他年龄小，工作也比较清闲，所以，很多时候其他人会让他帮忙干一些买报纸、收快递之类的活，他也正好没什么事，于是乐呵呵地为大家服务。

新年的时候，公司集体出去联欢，经理说大家都要去，公司承担一部分钱，每个人再掏100元。经理说他工资最少，年龄也最小，特别强调他不用掏钱，但他不答应：既然同样是公司里的一分子，那就要和大家一样。他主动交给了主管100元。联欢那天，经理宣布了好消息，今年公司盈利高，给大家涨工资，大家玩得更开心了。散场的时候，好多人都喝多了，清醒的搀着喝醉的，互相搀扶着回家，可最后还剩下5个人躺在歌厅包厢里。他那天没有喝多，心里想着不能把这些同事丢下不管，便打车把他们挨个都送回了住的地方，来来回回打车钱就花了200多元，虽然他也心疼这200多元钱，但他还是比较欣慰，毕竟都在一个公司，况且平时大家对他也挺照顾，都没有因为他是保安而瞧不起他。

后来，公司为了更好地发展，依附在了一家大公司旗下。可这样一来，就要接受这家大公司的管理模式，面临的第一件事，就是裁员。被裁掉的人一共12个，他是其中之一。可能是因为失去了高薪的工作，其他人都默默地收拾东西，连声招呼都没有打。他虽然也被辞退了，但毕竟在这里待了两年多，总觉得不声不响地走了有些不合适，便和大家去告别。他还特意去了经理的办公室，向经理辞行，虽然和经理没有多少接触，在公司也仅仅是个保安，但他还是对经理说了"祝福公司越来越红火，感谢经理这两年对我的照顾，有机会我请经理吃饭……"之类的话。看得出经理有些感动，毕竟刚刚离开的那些人没一个和他打招呼的，甚至有人还当场跟他争吵了起来……

第二天，正当他准备去找工作的时候，接到了经理的电话。经理问他什么时候请自己喝茶，他正好没事，便约定在当天晚上。

晚上，当他到了约定地点时，经理已带着一个人坐在了那里，他认得那个人是上面公司派下来的主管。主管对他说："小李，我来聘你去总部当保安。"他兴奋得有些难以置信。"知道我为什么选你留下吗？"他笑着摇头。"你们经理说聚会时，你不但和其他人掏一样的钱，最后还自己打车把喝醉的同事送回了家，况且我昨天亲眼看到了你到经理那儿辞行。小伙子，你没有因为卑微小看自己，我喜欢你这样的人。"

那一刻，他感觉像是躺在了幸福的花海里。从此他懂得，无论在哪里，无论在何时，不要因为你地位暂时低微而看轻自己。

## 微小的事，也能成仰望的高峰

一个人能够在成功的路上走多远，很多时候并不是看他的起点有多高，而是看他有没有在寂寞旅途里踽踽独行的勇气和毅力。

她叫熊素琼，原是重庆市梁平县柏家镇一个普普通通的农民。初中毕业后，熊素琼在重庆一家小旅馆做服务员。1994年年底，她听说东莞一家大酒店正在重庆招工，便去报了名。到招聘现场才发现，这家酒店准备在重庆招120名女服务员，应聘者却有1000多人。

由于应聘者大多都具有大中专学历，第一天初选，熊素琼就因文化水平低、身高不够没有过关。当时她很失望，但她不想放弃：能当一名清洁工也好。于是，她想出了一记"妙招"——她把一个脏兮兮的旧马桶扛到招聘现场，大胆地对面试官说："经理，我是个农村女孩，虽然没什么文化，但有的是力气！我懂得笨鸟先飞的道理，我吃苦耐劳……"说着就拿出抹布开始擦那个马桶。当面试官目瞪口呆地看着这个矮个子的小姑娘轻而易举地扛起几十斤重的马桶并像擦古董一样，从外到里，又从里到外迅速把它擦得油光发亮时，便毫不犹豫地当场聘用她做清洁工。

就这样，熊素琼来到了这家酒店。半年后，在酒店的一次例行检查中发现：除了熊素琼负责的第六层，几乎每层都出现了客人反映马桶脏的问题。总经理听说后，当即提升熊素琼当卫生间清洁班班长。同事们都笑称她是

"马桶班班长",熊素琼却不以为然,而是一门心思搞管理工作,并自学了很多卫生用具使用和清洁方面的知识。

1996年1月,客房部有一个副经理的职位空缺,许多主管、班长都蠢蠢欲动。客房部经理觉得熊素琼做事认真可靠,鼓励她毛遂自荐。熊素琼当然也想试试,但她知道,酒店里硕士、本科等高学历的管理精英比比皆是。这时去争副经理她自己还真有点儿底气不足,倒不如先给自己充电,提高自己。

于是,她在努力工作的同时开始自学酒店管理知识。两年后,她拿到了某大学酒店经营与管理专业的大专学历证书,并被提升为卫生班主管。为了把自己做清洁工的经验传授给员工,她特意把自己进酒店后每天记下的174本工作日志加以整理,其中记录了她三年内总共洗了7987次马桶。总经理看后,非常感动,在酒店工作会议上表扬她说:"熊素琼虽然比在座的各位学历都低,但她的工作态度是最好的!看看她这些工作日志,刷了7987次马桶,对于一个有上进心的人来说,就是7987次磨砺!我不认为这是流水账,我更愿意把它当作酒店管理行业的'马桶学问'!"

酒店高层人员的赏识使熊素琼更加自信。她去美容店请师傅帮自己设计了发型,还经常到健身中心运动。几年下来,朋友们都说她越来越像职业女性了。

但熊素琼始终没有丢掉"马桶精神"。2000年6月,酒店以竞选的形式选拔客房部经理,10名候选人除了熊素琼以外其他人都有本科以上学历。在演讲时,熊素琼充满激情地说:"与各位相比,我更像是酒店里的一只马桶,经常被人不屑一顾,但马桶也有心愿,那就是它希望能给所有宾客带去放心、卫生、健康的服务……"演讲完毕,掌声不断,最终她成功当选为客房部经理。

两年后，熊素琼升任服务部经理，负责整个酒店的服务工作，并参加清华大学紫光集团教育培训中心的学习，取得了"高级职业经理人"证书。2005年年初，她开始攻读中山大学岭南学院的EMBA学位。2006年11月，她出任东莞市最豪华的五星级酒店华通城大酒店的副总经理。

2009年7月，熊素琼在香港参加一次国际交流活动时，面对几十位来自世界各地的高级酒店管理精英，再一次谈起了她的"马桶经验"："酒店管理人员时刻要注意放低自己的位置。用最高质量的服务去满足客户的需求，无论遇到多麻烦的事，都要用擦马桶一样的耐心去解决……"她的"马桶学问"还被法国著名酒店管理专家希尔维教授收入自己的著作《世界酒店业经营全书》中去。

从一个普通的小旅馆服务员到知名职业经理人，熊素琼用她独有的"马桶精神"告诉我们不要以自己的平凡为借口，认认真真做好手中的即使最微小的事，累积起来就会成为别人仰望的高峰！

## 守候的寂寞，是痛苦更是美丽

生活中，很多人都已经不再相信诺言，因为无论是许下诺言还是守护诺言都要经受寂寞等待的考验，而守候实在是一种奢侈的情感。不过终归还是有人愿意为了心中的诺言而甘愿与寂寞相伴，因为他们明白，这守候的寂寞是痛苦的更是美丽的，更因为他们相信，享受过这美丽的寂寞之后一定会有承诺中的风景出现。

小村庄里有一棵生长了几百年的大槐树，树干要5个人合抱才能抱得住。老人们说老树有灵，只要把红绳子系在树枝上并告诉老树你的愿望，它将来就会帮你实现，所以村民们都叫它"许愿树。"

这一天，皎洁的圆月为夜色里的村庄染上一层朦朦胧胧的银辉，男孩带着女孩在月下玩耍，不知不觉来到了许愿树下。男孩停下了脚步对女孩说："大人们说这棵许愿树很灵，咱们也许个愿望吧。"女孩笑了笑，解下头上细细的红头绳分成两段，和男孩一起踮着脚把它系在老树低垂的树枝上，然后各自双手合十虔诚地向许愿树诉说自己的心愿。

女孩问男孩许的是什么愿望，男孩调皮地咧咧嘴没有回答，而是跑到不远处捡了一块瓦片在树干上歪歪斜斜地刻下了4个字："我喜欢你"。女孩低下头红着脸笑了，然后拿过男孩手中的瓦片也开始在树上刻字。可是，女孩只刻了一个"我"字，就听到不远处妈妈大喊着她的名字唤她回家。女孩便丢下瓦片冲男孩做个鬼脸向妈妈跑去。

第二天,男孩问女孩:"昨天你想要刻什么?"

"你想知道啊,嗯……我想刻……这是秘密,不告诉你。"女孩笑着眨眨美丽的大眼睛。

转眼男孩和女孩上了高中,他们相约要一起去北京,一起去上最好的大学,于是都拼命地努力学习。3年后,女孩如愿地考上了北京大学,而男孩因为几分之差落榜了。两个月后的站台上,火车马上就要开了,女孩从车窗探出头对满脸不舍的男孩大喊:"毕业后我会回来把那天晚上没来得及刻的字刻完,你会等我吗?"男孩看着女孩,坚定地点了点头。

女孩走后,男孩明白自己必须努力拥有自己的事业。于是,他承包了村子里的林地,种上果树。由于男孩的勤劳和管理得法,第二年累累的果实就挂满了枝头。等到收获的季节,许多批发商都闻讯而来。

劳作的闲暇,男孩总爱到许愿树下看看他和女孩在那儿刻的字,仿佛那一笔一画都在诉说着两个人的诺言。

但是没过多久,女孩就举家搬去了北京,男孩也从此失去了女孩的消息。

3年的时间一晃而过。男孩始终没有答应家人给他安排的相亲,也婉拒了所有主动向他示爱的姑娘。因为他始终忘不了女孩探出车窗向他挥手的样子,女孩所说的话好像就在耳边。他更加努力地经营着自己的事业,生活也越过越好。

但是,这一切都被一封来自北京的信打乱了。当男孩满怀激动地拆开那封信时,映入他眼帘的不是女孩的思念,而是女孩的父亲对他的嘲讽和警告:"你趁早死了那份心,我女儿受过高等教育怎么可能嫁给你,即使你再有本事……"

男孩伤心欲绝,得不到有关女孩的任何消息,他甚至感觉自己快要坚持不住了。但是看着他们刻在许愿树上的字，想起他们许下的诺言，女孩的一颦一笑仿佛还在眼前，男孩在心里默默地对自己说：不要忘了你们的承诺，你要相信自己，更要相信她，一切都会变好的！于是他重新振作起精神，他相信有一天女孩一定会再出现在许愿树下。

不久，男孩听人说女孩有了对象，而且已经准备结婚，可他根本不相信。有人说男孩傻，说他的痴情不会有结果的，他也一笑置之。他只是默默品尝着这份无人能懂的寂寞，忙着自己的事业，坚守着自己的诺言。

那天，又是月圆之夜，是他和女孩在许愿树上刻字的纪念日。男孩匆匆吃过晚饭后便向许愿树走去。远远地，他看见许愿树前有一道美丽的身影，正双手合十虔诚地许愿。他远远地看着那道倩影，清晰地感觉到自己的心在一点一点地融化。"你许的是什么愿望啊？"男孩远远地问。女孩转过头看着男孩，依旧笑得有些调皮："这是秘密……"然后女孩跑到路边捡了一块瓦片在树干上刻着什么，他慢慢走近，只见在他曾经刻的"我喜欢你"下面，女孩已经接着那个有点模糊的"我"字刻下了"也是"，男孩走上前轻轻地握住了女孩的手，看着女孩深情的眼睛，和女孩一起刻下了那最后一笔。

## 寂寞的大海

说起音乐，任何一个真正热爱音乐的人都不会忘记巴赫。把各国不同风格的音乐成功地糅合在一起，他是第一个。他谱写的几百首不朽的传世乐章，是人类共有的精神财富。后人以"使音乐达到了前无古人，后无来者的顶点"这样的溢美之词来评价他一生的创作。巴赫的作品可以说滋养了以后出现的世界上所有伟大的音乐家。

但是，就是这样一位伟大的音乐家，终其一生都在遭受着职位的卑微和贫穷的窘迫。

1685年，巴赫出生在德国中部的爱森纳赫。这是一个名不见经传的小城镇，但这里的民众却酷爱音乐。巴赫家族是地地道道的音乐世家，他祖父的兄弟中有两位是天赋非凡的作曲家，父亲是一位优秀的小提琴手，叔伯兄弟姐妹中也有几位是广为人知的音乐家。

巴赫从小就表现出极高的音乐天赋，成长在这样的家庭原本应该说是十分幸运的，然而等待这位未来的伟大音乐家的却是巨大的磨难：他9岁丧母，10岁丧父，只得靠大哥抚养。专横的兄长不允许小巴赫翻阅学习家里存放的音乐资料，无论他怎样苦苦恳求也无济于事。小巴赫只得趁兄长离家外出与深夜熟睡的时候，借着朦胧的月光把心爱的曲谱偷偷抄下来，这给他的眼睛造成了非常严重的伤害，以至于他晚年双目失明。尽管如此，他对于音乐的执着也没能打动兄长，当兄长发现了小巴赫的秘密时，不仅无情地没收了他所抄写的全部手稿，还严厉地惩罚了他。

15岁时，巴赫忍受不了兄长的虐待，只身离家，开始独立生活。凭借着美妙的歌喉与高超的古钢琴、小提琴、管风琴的演奏技艺，他被一家唱诗班录取了。巴赫一头钻进这里的图书馆，在丰富的古典音乐作品中汲取、融合着欧洲各种流派的艺术成就，他的音乐视野更加开阔。他常常彻夜不眠，通宵达旦地练琴。每逢假日，他还要步行去数十里外的汉堡聆听名家的演奏。

虽然从未得到过一位正式的老师长期的指导，但是巴赫曾向许多有名的音乐家请教。也正因为如此，他广泛地了解了不同的音乐风格，这为他的创作提供了宝贵的借鉴和启发。

1723年，巴赫38岁，他开始在莱比锡的圣·托马斯教堂任歌咏班领唱，收入很低，地位也很卑微，并且这也是他之后27年的生命里一直担任的职位。

18世纪上半叶的德国，封建贵族分裂割据，一个城堡便有一国诸侯，领土不大的德国居然被分割为352个各自独立的小国。设立歌剧团和宫廷乐队成为大大小小的领主们炫耀自己的权势与奢华的手段。为求生存，民间艺术家们大都沦为宫廷或教会的乐工、奴仆。在当时，无论在宫廷还是教堂都把乐师视作奴仆，与勤杂工、看门人、厨师等地位相当。

贫困与死亡像一对可怕的魔影在巴赫短短几十年的生命里一直与他紧紧相随。他从未享受过富裕舒适的生活，相反地，他从9岁起因父母相继去世就开始感受死亡的威胁。他做父亲之后，更是眼睁睁地看着他孩子中的11个先他而去。

然而就是在这样时刻笼罩着寂寞与痛苦的生活中，巴赫总共创作了800多首美妙庄重的乐曲，其中包括3首圣乐曲；4首序曲；5首弥撒曲；23首小协奏曲；33 奏鸣曲；组成《平均律钢琴曲集》的一套 48 首赋格曲和前奏曲以及至少还有 140 首的其他前奏曲、100 多首的其他大键琴乐曲；300 首大合唱曲以及其他许多乐曲。

巴赫在世时既没有显赫的地位，也没有赢得社会的承认，他的作品一直不为人们所欣赏。但是，惊世的才华是不可能永远被埋没的，后来的莫扎特和贝多芬发现了他的宝贵价值，巴赫音乐的深刻、完美与无懈可击深深震撼了他们。"他哪里是小溪（'巴赫'在德语中的本意是'小溪'）？他分明就是大海！"贝多芬第一次听到巴赫的作品时，不禁发出这样的惊叹。

肖邦在举行他的音乐会之前练习巴赫的作品，李斯特把他的一些管风琴作品改编为钢琴曲。1829 年，门德尔松在柏林的一次具有划时代意义的演出中，使巴赫的《马太受难曲》复活了。越来越多的伟大的音乐家都不约而同地把目光投向寂寞一生的巴赫。

如今，走遍世界各地，到处都可以听到巴赫的音乐。巴赫被称为"不可超越的大师"，被誉为"欧洲近代音乐之父"。

## 找到心灵方向的力量

在工作中，一个人最重要的是要有责任心与敬业精神，但这也许会遭到其他人的不解和讥讽，甚至排斥，这时人难免孤独寂寞。人在寂寞的时候，会感到烦恼和不安，周围似乎有一堵无形的墙。但一旦忙碌起来，那份压抑的孤独就会消失不见，每做完一件事情，心里就会感到一种快慰。

沃森是IBM的创始人。他出生在一个普通农家，虽然家里经济条件并不好，但是父亲却给了他们足够的"财富"——"竭尽全力做好每一件事，尊重所有的人，穿着整洁，诚实率真，坦诚公正，就算孤独寂寞时也要永远保持乐观向上的积极态度。此外，最为重要的是，忠心耿耿"。

沃森一直坚守父亲的教导，并且以向他人输送这些信念为己任。他要求IBM的管理者和普通员工，谨记并且坚决执行这些信条，无论是孤独还是快乐，都要享受自己的工作；通过对"沃森信条"的坚决执行，IBM最终成为美国乃至世界上最大的企业，IBM的组织成员身份成为最令人羡慕的认定。

事实上，现实社会中会有种种限制阻碍我们追求心目中理想的工作，让我们陷入寂寞无奈之中，但我们应该学会热爱所做的工作，凭借对工作的热爱去发掘每个人内心蕴藏着的活力、热情和巨大的创造力。然而在现实中，对待每天8小时的工作，有的人视工作如同受刑，从上班的那一刻起就巴望着下班；有的人只求应付，不求出色，干好分内事就算万事大吉，这样的人是不会在工作中体会到快乐的，因为他根本不热爱所做的工作，他自然也不可能作出出色的成绩。

在成功者眼中，工作带给他们战胜困难、挑战自我、享受寂寞的快乐；工作也让他们体会到创造的快乐，找到心灵方向的力量；工作的过程也是与人合作的过程，这里有团结协作的快乐。

/ 第二章 /

若爱，请相守

美好的爱情，并不难寻，难寻的是，彼此的相知、相守。因为，我们通常看不到眼前最珍贵的东西，却总是将眼睛望向触摸不到的远方。若爱，请相守，别总是盯着五光十色的远方。

## 没有谁会永远在原地等你回来

没有谁会永远在原地等你回来，有时阴差阳错，你错过了一时，就似乎注定要错过一生。我们总是觉得付出的爱没有收到等值甚至确定的回报，也只有在遭遇人生寂寞的低谷时，才会感知那些曾经温暖过手掌和心灵的爱。

1796年初，27岁的拿破仑，在巴黎邂逅了约瑟芬·德·博阿尔内德。

约瑟芬早年经历坎坷，她的第一任丈夫博阿尔内德子爵是个花花公子，一事无成，只会花天酒地，后来在法国大革命中被推上了断头台。约瑟芬受他的牵连，被关进死囚监狱，本来也是要被处死的，但因为美貌而得到赦免。关于这个赦免有两种传言，一种是巴黎人民惊叹于她的美貌，强烈要求赦免她；另一种是她后来的情夫，此时身为热月党人首脑之一的塔里昂的干预。

作为一位遗孀，当时约瑟芬已经33岁。她仪态万方，风姿绰约，浑身散发着成熟妇人特有的迷人风韵，如一颗丰润、饱满的红樱桃，深深地吸引了其貌不扬、瘦弱矮小的拿破仑。而善解人意的约瑟芬，则夸奖拿破仑"将来一定会是个伟大的将军"。两个人一见钟情。

拿破仑一改往日的沉默寡言，表现出"几乎达到了发狂地步的强烈的爱情"，他下定决心要和约瑟芬相伴一生。三个月后，拿破仑与约瑟芬举行了婚礼。

婚后不到两天，拿破仑就到意大利前线指挥军队作战，约瑟芬则留在了巴黎。战场上的拿破仑非常想念他"心目中的女神"。他每天都要给自己挚爱的妻子写信:"我无时无刻不在注视着你的照片,无时无刻不在你的照片上印满我的吻。""你使我整个身心都注满了对你的爱,这种爱夺去了我的理智——我会离开军队,奔回巴黎,拜倒在你的脚下"……拿破仑不断地给约瑟芬写信,并请求约瑟芬前来相聚。

但是,任拿破仑在信中怎样苦苦哀求:"你明明知道你的信能带给我何等的快乐,但你却不肯草草地写上六行字给我……我因没有你的信而寝食难安。"

他寄出去的"无尽相思和万般爱恋",却石沉大海,杳无音信。约瑟芬总是无情地拒绝,甚至极少回信。

不久之后,拿破仑便听到了关于他的新婚妻子约瑟芬在巴黎有了外遇的传闻。他痛苦万分地写信给约瑟芬:"你曾答应给我温柔而忠诚的爱情,它被什么样的感情窒息并排挤了吗?以至于你没有时间对丈夫略表关心?我的爱人,请求你马上给我写信,充满柔情蜜意的信……"

但是,拿破仑的痛苦和思念并没换得约瑟芬的改变,她依旧我行我素、惜字如命。一直到拿破仑胜利归来时,约瑟芬才赶忙前去迎接,但又因为走错了道,与拿破仑凯旋的队伍擦肩而过。当约瑟芬回到家时,拿破仑拒绝与她会面,而不是"紧紧地把她搂在怀里,如同赤道下炽热阳光般的热情千万次地亲吻她"。后来在约瑟芬的儿子(前夫所生)再三哀求和她本人眼泪汪汪地检讨下,拿破仑最终还是原谅了她。

1804年5月,拿破仑被参议院拥立为法兰西帝国皇帝,他邀请教皇给他加冕。约瑟芬悄悄找到教皇,向他倾诉了自己对于婚姻的忧虑。她请求教皇出面干预,以保障自己的婚姻,并使自己能够顺利成为帝国的皇后。

拿破仑的家人一向不接受约瑟芬,在此时更是添油加醋地把她的行径告诉了拿破仑，拿破仑大怒。但是面对梨花带雨、肝肠寸断的约瑟芬，拿破仑还是在叹息声中原谅了妻子。

典礼当天，皇帝拿破仑穿着红色天鹅绒上衣，身披绣花披风，戴着镶嵌钻石的勋章。约瑟芬则满面春风，款款有致，仪态大方。她身穿一袭华丽的白缎长袍，如愿以偿地戴上了名贵珍珠钻石镶嵌的皇后桂冠。

但是没过多久，拿破仑就封闭了他和皇后卧室之间的通道。1809年11月30日，他在杜伊勒里宫的内厅，以政治和国家需要为由，要求结束这一段婚姻。他走近约瑟芬，拿起她的手按在自己胸口，凝视片刻说："我亲爱的约瑟芬！你知道我曾经爱过你，我在人世得到的仅有的幸福时刻，都是你一人赐给的。不过，我的命运要高过我的意志，我最珍贵的爱情必须让位给法国的利益。"约瑟芬哭倒在地上，伤心欲绝……同年12月16日，拿破仑与约瑟芬正式离婚。

离婚后，历史仿佛走了一个轮回。约瑟芬独居在马尔梅松，每天给拿破仑写信，表明自己有多么爱他、多么思念他，成为她唯一的精神寄托。但是，拿破仑回答她的，却是她昔日给予他的冷淡和冷漠。

"我知道自己是怀着非常痛苦的心情写这些信的，痛苦的原因是从你那里我没有收到哪怕一个字。"约瑟芬在信中写道。

真是满纸痛苦言，一腔伤心泪啊。可是，这正是当初的漠视和背叛，注定了今日的落寞和悲哀。

拿破仑和约瑟芬之间关系的变化很是让人唏嘘。开始的时候，约瑟芬对于拿破仑的炽烈爱恋，报之以冷漠，使得拿破仑对她的热情和爱情逐渐归于平静、淡漠。而到后来，当她苦苦哀求想要挽回爱情的时候，却为时已晚。

人生变化不定、际遇无常。但拿人生最可贵的东西——爱情来玩弄，跟人生开玩笑，真是聪明得近乎傻瓜了。

1814年4月6日，拿破仑退位。

1814年5月29日，约瑟芬去世。

在得知约瑟芬去世的消息后，流放中的拿破仑大为震动，把自己关在屋子里整整两天。"我没有一天不是在爱你之中度过，我没有一个夜晚不将你拥抱在怀里……没有一个女子赢得我如此之深的爱心，赢得过更多的痴情、狂热和温顺……非死亡不能将我们分离。"在圣赫勒拿岛的寂寞里，拿破仑终于说出了自己对约瑟芬自始至终的爱。

## 如生命般的爱情

有许多东西，不要等到失去了才懂得它的美好。那些健康而幸福地生活着的丈夫，要好好地爱惜你的妻子，不要忽视她为你做的一切。好好去爱，爱你自己，爱你的爱人，爱如我们的生命般重要的爱情……

英国的福尼亚小镇，直到现在仍然保留着这样一个习惯：每年6月15日凌晨4点整，小镇上所有的家庭都会不约而同地响起一阵长长的闹铃声。

难道说这里的人都这么勤奋吗？

其实这件事是因一个人而起的，这个人就是马歇尔先生。

马歇尔先生在世的时候每天都起得很早。只要附近教堂里的钟声敲响了4下，他立刻就会从床上爬起来，习惯性地在火炉上炖一碗鸡汤，然后走出家门，到教堂附近的小路上去散步。

不过，马歇尔以前可不是这样一个喜欢早起的人，那时候的他嗜睡如命，经常到早上10点还赖在床上不起来。马歇尔先生的改变是由于他的妻子。

年轻的时候马歇尔先生曾来中国留学。在中国，他邂逅了自己美丽的妻子。两人感情非常好，后来，妻子放弃了自己的事业，跟着他去了英国，并取了个英文名字叫琳达。婚后两个人生活得非常幸福，一年后，他们的儿子降生了，一家人的生活更加幸福而甜蜜。

可是，幸福的时光并没有一直持续下去。5年后，琳达因一场意外车祸而高位截瘫。马歇尔先生悲痛欲绝，他变卖了一切家产来维持琳达的生命，并且还要照顾年幼的儿子，生活过得非常艰苦。

但艰苦的生活没有消磨马歇尔先生对妻子的爱。由于大小便失禁，琳达总是会在凌晨4点左右把床单弄得一片狼藉，为此马歇尔先生不得不每天更换床单。通过长期的观察，马歇尔发现，这个时间非常有规律。为了让琳达少受些苦，马歇尔先生每天都在教堂钟声敲响4下的时候，迅速地从床上爬起来，为琳达换好垫布，然后帮她擦洗身子，再到厨房，为她炖一碗她最爱喝的鸡汤，之后再一小勺一小勺地喂给她喝。

当他们都吃完早餐，时间就差不多到6点了，这时候，马歇尔会把琳达抱到轮椅上，推着她到教堂附近的小路上去散步。天天如此，雷打不动。慢慢地，马歇尔和琳达成了教堂附近一道流动的风景。

在琳达高位截瘫之后，有一位朋友曾经为马歇尔介绍过一个对象，这个女人是位中学教员，非常善解人意，也非常贤淑，表示愿意和马歇尔一起好好照顾琳达。但马歇尔还是拒绝了。

一转眼整整40年过去了。在一个午后，琳达在轮椅上面悄然离去。这时候，儿子早已成家搬了出去，偌大的房子里，只剩下了马歇尔一个人。

尽管琳达已经不在了，但是，马歇尔早起的习惯却一直保留了下来。只不过6点的时候，马歇尔不再去教堂，而是到附近山腰的墓地上陪琳达说上半个小时的话，顺便帮琳达换上一束她生前最爱的雏菊。

又过了几年，马歇尔家附近的教堂搬迁到别处去了，大家都以为马歇尔听不到教堂的钟声就不会再起得那么早了。但是马歇尔早已在自己的心灵深处安置了一只闹钟，每天凌晨4点，准时响起。

后来，马歇尔与琳达的爱情故事被一家英国媒体报道了出来，很多年轻的情侣都来到福尼亚小镇，在凌晨4点整，准时守候在马歇尔的家门前，只为能亲眼见到马歇尔这位"痴情先生"。

多年以后，马歇尔先生已经步履蹒跚了，这时候，不知道谁发起了这样一项活动：搀扶马歇尔先生走一程。人们相信这样就能一生爱情美满、家庭幸福。之后，整个小镇所有的家庭都会在每年6月15日这天的凌晨4点整响起一阵长长的闹铃声。因为，6月15日是马歇尔的生日，小镇上的夫妻，约定在这一天互相为对方做一件有意义的事情。

马歇尔先生享年109岁，他去世的时候，让儿子在自己的墓志铭里这样写道："亲爱的琳达，如果有可能的话，我愿意再为你早起89年！因为，在我的生命中没有人可以替代你……"

## 对方的心是最好的房子

爱情是什么模样，一千个人就有一千种看法。村上春树有句名言："对相爱的人来说，对方的心才是最好的房子。"钱锺书先生对杨绛女士也有这样一段评价，后来被社会学家视为理想婚姻的典范：1. 在遇到她以前，我从未想过结婚的事；2. 和她在一起这么多年，从未后悔过娶她做妻子；3. 也从未想过娶别的女人。或许爱情就是如此，在那一瞬间就认定了是这个人，然后为了这一瞬间的感情，百转千回，无怨无悔。

女孩的房间里挂着一千只纸鹤，那是初恋的时候，男孩为女孩折的。男孩说："这一千只纸鹤，代表我的一千份心意。"

那时候，男孩和女孩分分秒秒都在享受着爱情的甜蜜和幸福。

后来女孩渐渐疏远了男孩。女孩结婚了，去了法国，去了她梦中出现过无数次的巴黎。分手的时候，女孩对男孩说："我们都必须正视现实，婚姻对女人来说是第二次投胎，我必须抓住一切机会，而你给不了我想要的生活……"女孩走后，男孩卖过报纸，干过临时工，做过小买卖，竭尽全力地去奋斗。多年以后，在朋友们的帮助和他自己的努力下，他终于有了自己的公司。他有钱了，可是他心里依旧忘不了女孩。

在一个下雨天，男孩从他的奔驰车里看到一对老人在前面慢慢地走。男孩认出那是女孩的父母，于是男孩决定跟着他们。他要让他们看看自己不但拥有了汽车，还拥有了别墅和公司，让他们知道他不再是穷光蛋，而是年轻的老板。男孩一路跟着他们慢慢地开着车，斜雨淋湿伞下蹒跚而行的老人。到了目的地，男孩惊呆了，映入他眼帘的竟然是一处公墓。他看到了女孩，是墓碑上的瓷像在对着他甜甜地笑。而在这方小小的坟墓旁，一串串的纸鹤挂在细细的铁丝上，在细雨中恹恹地飘荡着。

　　女孩没有去巴黎，女孩患上了癌症，女孩去了天堂。女孩之所以那样做，是希望男孩能出人头地，能有一个温暖的家。"她说她不会看错人，她相信你一定会成功的。她说如果有一天你到这里来看她，请你无论如何带上几只纸鹤。"听完女孩父母的话，男孩跪在女孩的墓前，痛哭失声。清冷的雨淅淅沥沥地下着，把男孩淋了个透。男孩想着女孩纯真的笑脸，感觉自己的心开始一滴滴往下淌血。

　　"我的心，不后悔，反反复复都是为了你，千纸鹤，千份情，在风里飞……"哀婉的歌声正从遥远的地方飘过来……

## 细数平淡的温暖

有人说，爱一个人就是在冰箱里为他留一个苹果，并且等他归来。诚如斯言，真正的爱不一定要轰轰烈烈，也许细微中更能体现爱的温暖。一件东西再怎么光彩夺目，日子久了也会让人觉得普通平凡。就像一束美丽的花，闻久了不觉其香，而当它凋谢成泥土时，我们才会回味它的芬芳。

以前洛洛以为，爱情是灰色的，幸福是白色的，而她和慕川的生活就是灰白色的，没有丰富的色彩，单调得像一面石灰墙。后来，洛洛才真正懂得，最绚烂生动、最纯美永恒的色彩只有在单调的石灰墙上才能画出来。

大学毕业的那年夏天，洛洛和慕川决定先不回家乡，一起留在繁华的大都市里打拼。

市区的房租高得吓人，他们只能在市郊租一间10多平方米的平房。用了三天的时间打扫房间，粉刷墙壁，从旧货市场买回书桌、沙发和掉了漆的木床。傍晚时分，洛洛和慕川趴在床上一张一张数着所有的钞票，发现剩下的钱已经不够买餐桌了。洛洛灵机一动，把门外走廊上堆放的纸箱折叠几下，再铺上一块紫色格子桌布，一个"餐桌"就做成了。"洛洛，用不了两年，我一定要让你住进宽敞的大房子里。"环顾着这个初具规模的"家"，慕川大声地对洛洛说道。洛洛望着慕川开心地笑了。

慕川还是比较幸运的，学计算机编程的他在一个星期以后找到了一份工作。虽然试用期只有1000块钱,但是那天慕川回来的时候花10块钱给她买了一束玫瑰。那些天,洛洛整天穿着套装和高跟鞋穿梭于各种各样的招聘会上,但是地理专业毕业的她工作找得十分艰难,用人单位苛刻的条件和微薄的工资让洛洛觉得委屈极了。甚至一个公司的面试官轻蔑地问洛洛:"你觉得你能给我们公司创造价值吗?"

"你爱我吗?"受了委屈之后,洛洛打电话给慕川。

"你怎么了,洛洛?出了什么事?"慕川听洛洛的声音不对,吓得连忙问。

"没事。如果我找不到工作,你还爱我吗?"

"洛洛,找不到工作就不找,我养你一辈子。"慕川在电话那头长出一口气,笑着说。

听完这句话,洛洛的眼泪就流下来了。

慕川的脾气很好,也很会照顾人。洛洛不太会做饭,慕川就每天下班后骑着自行车到菜市场买完菜再往家赶。一进家门,他总会抱歉地亲亲洛洛的额头:"饿了吧,等着,马上就好。"有时到了月底,钱不够用了,慕川就只能天天做土豆炖萝卜。洛洛越吃得津津有味,慕川就越内疚。

一直到吹起冷风的9月底,一向自傲的洛洛才在城郊的中学里找到了一份地理老师的工作。

生活比以前宽松了很多,但两个人的工资加起来才2500元,而且慕川还准备存一部分钱买房子。有时候,洛洛一个人坐在昏暗的小屋里,突然觉得她和慕川的未来是那么地虚无缥缈。

冬天的时候,慕川更加忙碌,有时候整晚都在公司加班。洛洛一个人在没有暖气的小屋里,盖着两床棉被还是冷得浑身发抖。在妈妈打电话来问时,洛洛却说自己和慕川正在饭店吃火锅呢!挂上电话以后,洛洛禁不住潸然泪下，点点滴滴都浸湿了棉被。看着这个寂寞寒冷的小屋，洛洛感觉自己的心在一点点往下沉。

当洛洛在这个寒冷的季节里对生活充满了失望的时候，一个人的出现改变了这一切，这个人就是嘉俊。

嘉俊的父亲是一家公司的总裁，子承父业，嘉俊理所当然地成为了这家公司的副总。那天洛洛在逛街的时候，因为一直盯着看橱窗里的一件淡紫色的长风衣，不小心碰到了一辆停在街边的宝马车，背包上的金属扣在车身上划下了一条长长的印子。在洛洛惊呼的时候，嘉俊从后面拍拍她的肩膀，然后向四周张望一下说："幸好车主还没回来，小姐，你赶快跑吧，放心，我什么都没看见。"洛洛看了看他，没有跑，说："算了，还是等车主吧，算我倒霉。"他笑了起来，"你倒霉？我更倒霉，车子刚停在这儿就无缘无故被人剐花了。不过，看在你没有扭头就跑的分上，我原谅你了。"洛洛耸耸肩，"原来你就是车主呀，对不起，那我可以走了吗？"他说："不行，请我吃顿饭才能走。"洛洛当着他的面把钱包翻过来，说："我只有35块，你说能吃什么？"他笑了，"那总可以吃烤肉串吧？"

那天下午，洛洛坐在宝马车里吃着一块钱一串的烤肉串，想起慕川，心里五味杂陈。

就这样洛洛认识了嘉俊。他和慕川就像两棵树，一棵开满了花，落英缤纷，浓香四溢；一棵结满了果，让人垂涎欲滴。

然而，洛洛心里清楚，她爱的是慕川。但嘉俊充满孩子气地说："洛洛，我们认识得那么巧合，错过一点我们就是陌路了，我会好好把握的。"洛洛只好在他追逐的目光里左躲右闪。

冬天很快过去了，三月的阳光暖暖地照在洛洛的身上，让她有种游离的恍惚。

慕川被公司派去南方出差，要去三个月。他在初春的清晨紧紧地拥抱洛洛，长满冻疮的手上还留有斑斑点点的红肿。慕川轻抚着洛洛的头发说："洛洛，我会努力让你过得幸福，三个月很快就会过去，乖乖等我回来。"

慕川走了，春寒依旧，寂寞冰冷的小屋里，洛洛的心变得空荡荡的。

嘉俊知道慕川出差了，总是在清晨早早地在门口按喇叭，送洛洛上班。他知道洛洛喜欢吃辣的，下了班就带她去吃重庆火锅、香辣大闸蟹或者五味虾，常常开车带她去兜风，在冷风吹起的时候脱下外衣给她穿。面对这样一个倔强的男人，洛洛的心里复杂而痛苦。

慕川偶尔会打电话来，告诉洛洛他非常思念她。每次接他的电话，洛洛的泪都会止不住地落下来。洛洛明白自己和嘉俊的爱情游走在悬崖边上，退后一步，是生，前进一步，是死。但她真不知道该如何是好。

一天夜里，肚子剧烈的疼痛把洛洛从梦中惊醒，她挣扎着起来吃了一颗止痛片，却痛得更厉害了。洛洛强忍着拨出了慕川的号码，却没想到他已关机了。剧痛过了几分钟，洛洛拨通了嘉俊的电话。

那天夜里，洛洛在昏昏沉沉中只依稀记得嘉俊把她抱上车，她的头枕在嘉俊的腿上，他不停叫着她的名字。然后就是杂乱的脚步声和穿白色衣服的医生护士。

第二天清晨醒来，洛洛就看见嘉俊红肿着眼睛端着一碗热汤站在病床前。他告诉洛洛昨晚做了手术，阑尾已经切除了，没事了。洛洛呜呜地哭了起来，泪水在白床单上勾画出一朵又一朵灰色的小花，就像她和慕川的爱情，花开了，但因为没有充足的阳光和水分，终究还是凋谢了。

洛洛住院的第三天，慕川打来电话，他并不知道洛洛在医院里。他说："洛洛，乖乖的，还有两个礼拜我就可以见到你了。"洛洛说："好。"

出院的时候，嘉俊来接洛洛。他拿出一枚漂亮的钻石戒指："嫁给我吧，洛洛。我会给你一辈子的幸福。"说着拉过洛洛还在犹豫躲闪的左手，将那枚戒指戴在了她的无名指上。

"亲爱的慕川，我知道你为了能够让我过上好的生活而四处奔忙，我也知道你爱我。可是，一个女人想要的只是冬夜里一个温暖的臂弯，病痛时一个可以依靠的怀抱，还有一个可以挡风遮雨的家。我走了，希望你原谅我，也希望你能幸福……"慕川仍在南方，而洛洛留下这样一封长信离开了那个他们苦心经营的小屋。

写信的时候，洛洛的手一直在颤抖，她不知道用怎样的文字才能抚慰一个男人的伤痛，才能解释一个女人的离开。她想，或许谁都没有错，在现实面前，爱情往往是如此苍白无力。

洛洛搬进了嘉俊装修豪华的房子里，他说过几天带她去见他的父母。在房间里，洛洛钻进暖烘烘的被窝，却怎么都无法入睡。那一夜她不断地做着噩梦，梦里全是慕川的身影，他在熙熙攘攘的菜市场里买菜，他用长满冻疮的手一直在敲着电脑键盘，他说，洛洛，你为什么要走？你走了我该怎么办？

洛洛一次次从梦中突然惊醒，满头大汗，无所适从，只能蜷缩着抱紧身上的被子。

然而事情的发展总是如此难以预料。洛洛还没来得及和嘉俊去见他父母，却在医院因为不舒服例行检查的时候，得知自己患上了再生障碍性贫血。

洛洛一下子蒙了，医生说需要做骨髓穿刺，以进一步确诊。洛洛没有听完，就从医院跑出来，一个人走在密密麻麻的人群里，心，突然就冷到了冰点。

洛洛不知道自己是怎样走回去的，当她和嘉俊说她患了再生障碍性贫血的时候，他的脸变得惨白，像热锅上的蚂蚁一样在屋里来来回回地走，不停地说:"怎么办?怎么办?"洛洛颓丧地坐在地上,没有了思想。

两天后,嘉俊的父母突然来了,嘉俊没有了往日的谈笑风生,而是走在他们身后一直耷拉着脑袋。他的父母对洛洛语重心长,循循善诱。洛洛立刻明白了,他们不可能要一个身患重病的儿媳妇,也不可能拿出高额的医疗费甚至倾家荡产为她治病。洛洛笑了起来,撑起虚弱的身体,眼睛直直地盯着站在父母背后的嘉俊。他不再是那个勇敢的男人,他低着头,不敢看洛洛一眼。洛洛把那枚戒指褪下来,轻轻地放在茶几上,然后提起早就收拾好的行李出了门。

没有其他的去处,洛洛又回到了小屋里。慕川还没有回来,她拿起那封还没有打开的信,丢进了火炉里。

慕川终于回来了,洛洛已经快一周没有正经吃顿饭了。她躺在床上,没有丝毫的力气。一向坚强的慕川居然哭了起来,他紧紧地抱着她说:"洛洛,发生什么事情了?怎么瘦成这样了?"洛洛也哭了,喉咙里发出微弱的声音:"慕川,你还爱我吗?我已经不值得你爱了。"慕川吻了吻洛洛干涩的嘴唇,说:"洛洛,我爱你,不管你变成什么样子,我都爱你。"洛洛说:"我得了再生障碍性贫血,随时可能昏厥过去,我已经是一个将死之人了。"慕川难以置信地看着她,像要看进她的五脏六腑里。洛洛轻笑,男人都是一样的,嘉俊也是这样的眼神。

慕川走了,匆匆忙忙地出了门。洛洛把身子深深地蜷缩进被窝里,没有了眼泪。

但是没过多久,慕川就回来了。他提着新鲜的蔬菜和肉,还有一只肥肥的鸡,像从前一样亲亲她的额头,说:"洛洛,饿了吧,等着,马上就好。"天渐渐黑了,屋子里的光线也越来越暗,洛洛躺在床上一直看着他忙忙碌碌的背影，看着他偷偷地用袖子擦干忍不住滑落的眼泪，看着他给她炖鸡汤做干煸豆角和糖醋里脊。泪水渐渐模糊了她的眼睛。那一眼，看得好长好长，时间仿佛静止了，洛洛的心突然就平静了。她终于醒悟过来，自己险些错过这么好的一个男人，嘉俊对她来说就像一个梦，让她知道自己是多么愚蠢。可是，她明白了这一切，但却不能再拥有慕川了，也不能再拥有爱情。

那顿饭吃了很久，洛洛狼吞虎咽的样子让慕川心碎。那天夜里，洛洛躺在他的怀里安稳地睡过去，她没有梦到嘉俊，而是梦到了花香、阳光，还有慕川的笑脸。

慕川取出了他存在银行准备买房子的钱，又从同事那里借回好多的钱，他说不够再想办法，"我带你去医院，我一定要治好你。"

洛洛看着慕川坚定的眼神，一时间心如刀割。

当医生告诉他们，如果细心调养，有规律地作息饮食，定期去医院复诊的话，她还可以过上健康人的生活时，慕川把洛洛抱起来，在医院的走廊上大声地喊着她的名字。他轻轻地把她放下来，说："洛洛，我们结婚吧。"

婚礼办得很简单，可是，洛洛的心里却洋溢着满满的幸福。因为她明白，真正的爱情并非一定要有宽敞的大房子和昂贵的钻戒。没有一颗真心，再大的房子也装不下完整的爱情，再昂贵的钻戒也不会让爱情变得永恒。

结婚以后，洛洛和慕川依然住在那间小屋子里，他们每天开开心心地上班下班，开开心心地攒钱买房子，也开开心心地喝着西红柿鸡蛋汤。只不过，这个汤是洛洛亲自熬的，她学会了去熙熙攘攘的菜市场挑选蔬菜，也学会了和菜贩们讨价还价。洛洛想："我要为慕川做一辈子饭，熬一辈子汤。这，就是属于我的幸福。"

真正的爱情，让人学会成长，学会包容，也学会了珍惜。

## 爱情的繁花

不同的人对爱有不同的感悟。爱，在邂逅的途中划出美丽的弧线。不管是你爱的，还是爱你的。不要懦弱，不要放弃，要有勇气。爱是什么，其实只有自己最清楚！

爱情是一种感觉，抽象且多变。婚姻是一种责任，是具体的，是需要稳定的。爱情是青春梦，随心情，靠感觉，你可以爱也可以不爱，可以爱得深也可以爱得浅。

那一年她都快 30 岁了。只因为不能走路的双腿，爱情的繁花开了又谢，最终都没有结局。朋友介绍他时，她稍稍犹豫了一下，就答应下来。因为往事像一把锋利的剑，把一颗脆弱而敏感的心早已经刺得千疮百孔。她再也受不得那样的痛。

他长她两岁，憨厚老实，寡言少语。见面时，他拘谨地坐在她的对面，一双手从桌面移到膝盖，又从膝盖移到桌面。一个小时里，他们说的话没有超过 10 句。父母问她的意思，她既没说行也没说不行。这个人和她理想中的男人，相差何止千万里？可是父母都很欢喜，他们说，这种稳重敦厚的男人值得托付终身。

就这样，他们不咸不淡地交往着。他打来电话，翻来覆去总是那几句问候。他总是问，喜欢吃什么，我去的时候带给你。她沉默。隔日他来时，抱了一大堆水果。他说，你天天看电脑，吃这些对眼睛好。便再没多余的话，只是安静地坐在一旁看她双手在键盘上飞舞。

她客气地和他保持着距离。他很努力地想走进她的内心，有一次他说："《红楼梦》里的诗词……"她却打断他："外面天晴了吗？"她温婉的笑容里有着拒他于千里之外的冰冷。

她其实也能走的，只不过要用双拐。但是她从来没有在他面前走过，她那么骄傲，决不肯将自己的缺陷暴露在他的目光下。他便由着她，推着她一起去超市、去书店，为她买香喷喷的烤红薯。

有一次，他来的时候，她刚好在小区里锻炼。她的腋下架着双拐，拐杖先向前移一下，然后右腿往前迈，站定了，左腿再往前迈，步履蹒跚。他心疼地默默看着。她转身看到了他，他伸手就要来扶她，她坚定地推开他，涨红了脸继续往前走。可惜没走几步，脚下一个趔趄，整个人就摔在地上。

他从身后冲过来，双腿跪在地上，张开手臂抱住她。他的脸在一瞬间就渗出了密密的汗珠，目光里全是疼惜和自责。他轻声地问："摔着哪儿了？疼不疼……"她坐在地上，眼睛盯着他。不过是摔了一跤，这样的场景她早已习以为常了。但是眼前的这个男人，他的紧张、他的自责、他额头上的汗珠，似乎都在告诉她：他爱她、在乎她、怜惜她。

她说："你那么紧张干吗？"他没说话，红着脸，笑了。那一刻，她仿佛听到自己心里冰河融化的声响。

往后的事便水到渠成了。没过多久，他们在双方的家长和亲戚的见证下举行了简朴的婚礼，开始了幸福的生活。

## 那就是，爱情

莎士比亚曾说过："我决不承认两颗真心的结合会有任何障碍。"在真爱面前，年龄不是问题，相貌也不是问题，时间更不是问题。幸福没有一种特定的模式，只能是一种相对的概念。所有幸福的产生，皆源于人们的不懈追求与价值的不断实现。所以鼓起生命的风帆，勇敢地去迎接生命的挑战吧。

1996年，在东北乡下一个简易的乡村秧歌队里，他和她不期而遇了。之后不久，他们便成了乡村舞台上最默契的搭档。唱东北人爱听的二人转，她是俊俏的小媳妇，他是潇洒的大丈夫。她围着他转，彩扇翻飞，花裙轻摆；他和着她唱，嗓音清朗，温柔典雅。两人目光交接，如水如电，情意绵绵。

就那样他们相爱了。1997年的冬天，在东北一个小村庄外的稻田边上，一间临时建起的土坯房，做了他们结婚的新房。

那一年，他27岁，年轻帅气；她58岁，瘦弱苍老。在此后的9年里，这一对在世人眼中不被认可的夫妻，受尽了世人种种的非难和折磨。他们被各自的家人逐出家门，无家可归。东北的冬天，寒冷刺骨，他们在自己的农田里，用一张薄薄的塑料薄膜做被子，相互拥抱着取暖。如燕子衔泥一般，他们一点点捡砖拾瓦，终于盖起了一间小小的房子，却没有一件像样的家具。没有电，喝水要到一公里外的村子里去挑，甚至没有吃的，只能靠捡拾别人收割过的稻田里遗落下的稻穗度日……一台小收音机是家里唯一值钱的东西。

每天干完活后，两人就一起听收音机。但就是这样一间简陋的房子，也被人一把大火烧得干干净净。为了补贴家用，他卖了一段废弃的电缆，不承想竟惹祸上身，被劳教一年。她一个人，愈像风雨中飘零的浮萍，无依无靠。没有人愿意帮助她，他的家人不断来找她麻烦，抢走她赖以生存的粮食，还威胁要拆她的房子……

但是，这一切的艰难都不能拆散他们。他把这个大他31岁的女人，当成了手心里的宝，呵护备至。他用打工赚来的钱，给她买漂亮的衣服；她爱吃的东西，多贵他都会买给她吃；她生气时，他会唱歌哄她；他甚至送她去整容，去掉她脸上沟壑般的皱纹。面对所有人的反对，他只说：不管怎么样，还有我疼你。

就这样，他们在一起走过了10年。

10年，在这段并不短暂的岁月里，多少众人艳羡的才子佳人分道扬镳，多少门当户对的美满姻缘曲终人散，可他们，在亲人反目、衣食无着的日子里，仍然坚定地爱着、幸福着。

她叫马玉琴，他叫李玉成。在一次电视直播现场，他的右手始终紧紧握着她的手，左臂揽着她瘦弱的肩，他的眼睛一直追随着她的脸，目光里满是软软的温柔。

现场有观众提出一个很残酷的问题：如果有一天，马玉琴老了离开人世，李玉成该怎么办？马玉琴说："你交给我的钱，我都给你攒起来了，等我死了，你就再找个老伴。"李玉成说："我以后不和你吵架，不惹你生气，我希望你能活100岁，那时我已经70岁了，就不需要找老伴儿了。"

这两句简单朴实的话里包含着一种刻骨铭心的东西，所有爱过的人都明白，那就是，爱情。

## 如果没有爱，就守住寂寞

"不要再挑了，再挑就没人要了。"3年前，可可总是拿这样的话来劝艾米，可是艾米却不这么认为，"不完美，就一定要退而求其次吗？你那勉强的婚姻过得幸福吗？"艾米一连串的反问常常令可可半天说不出话来。

3年后，可可是不幸福的，看着艾米和浩过着幸福美满的生活，她不由得问自己："难道真的是我错了吗？"5年前的可可总认为，在这个世界上，完美的爱情是等不来的。而女人又经不起岁月的消磨，她害怕寂寞，更害怕有一天容颜老去，无人问津。然而今天，是艾米让她明白，以前的自己是错的，爱情是不能退而求其次的。

可可和艾米在大学是最要好的朋友，她们和其他的女孩子一样，都渴望能拥有一段属于自己的完美爱情。可是匆匆而过的4年入学时光里，她们都没有等到自己要等的人，虽然在这4年内，她们都不乏男孩子追求。于是在大学毕业的那天，可可和艾米开玩笑似的相互安慰道："面包，会有的，完美的爱情嘛，也会有的。"话虽这样说，可两人都知道自己的年龄已经不小了，可可已经24岁了，比艾米大一岁。一个24岁的女孩还能等待爱情几年，她不知道。

虽然在大学的校园里没有收获完美的爱情，但也有值得她们庆幸的——她们把其他同学花费在花前月下的时间都用在了学习上，所以毕业后可可和艾米两人很轻松地就找到了一份还算满意的工作。

工作稳定了，可可和艾米轻松、简单地过着自己的单身生活。但是她们很快发现，身边的同事好像都是成双成对的，自己的单身反倒显得有点另类。因为自己单身，她们很不喜欢参加一些同学和同事的聚会，因为老是有人问自己为何不带男朋友之类的话，其实他们哪里知道，到现在她们都还没有真正地谈过一场恋爱。

一年后，可可有点儿耐不住寂寞了，她开始私下里托一些朋友给自己介绍男朋友。但是在她见了几个之后，不由得有点儿泄气了，她所见的那些男孩，年龄合适，但长相一般，又没什么前途的，自己看不上；而那些长相好又有钱的，又都看不上自己。可可陷入了无尽的痛苦之中，眼看 26 岁的生日越来越近，她不由得问自己，难道自己就真的找不到一个满意的男朋友吗？难道自己真的要沦为"剩女"吗？

白天的时候，可可只专注于工作，男朋友的事也就不再想了。然而一到下班回到租来的房子里时，她一个人常常会感觉到无所适从。除了害怕黑夜，她更害怕孤独、害怕寂寞。无数个夜晚，她常常被无尽的寂寞所湮没，这寂寞有时甚至让她感觉喘不过气来。

可可在第 9 次相亲之后的一天，突然告诉艾米："米，我要结婚了。"当时艾米一口把刚喝进嘴里的水全都喷了出来。

"可可，你没发烧吧，大白天说什么胡话。你要结婚？跟谁？你可从来没提过呀？"艾米瞪大眼睛惊讶地看着可可。

"我们没认识多久，半个月前一个朋友介绍的。大我 4 岁，急着找结婚对象……总之，他对我挺好的，放心吧。"

可可在说这些话时，艾米一直注视着她的眼神，她分明看到了可可眼神中的一丝闪躲。"别的我先不管，我只是问你，你喜欢他吗？"

"不知道，只要对我好就行了。"可可幽幽地说道。

"你不觉得你有点儿荒唐吗，你连喜欢不喜欢他都不知道就要和他结婚？"艾米激动地大叫起来。

"那我能怎么办？我今年都26岁了，我还有时间吗？你说我们会有完美的爱情，可完美的爱情在哪？你能告诉我吗？"看见艾米急了，可可似乎也有点儿生气。

艾米愣在那里，一时不知该怎么回答。她怎么会不理解可可的心情呢，她虽小可可一岁，可25岁的年龄对一个女孩子来说，已经不算小了。她也寂寞，也孤独，但她不能像可可一样退而求其次，如果遇不到合适的对象，她宁愿一直单身。

见艾米沉默，可可知道自己的话有点儿过激了，于是半开玩笑地对艾米说："小米，你别生气。其实你也不小了，不要再挑了，再这样挑下去的话，可能真的会没人要了。"

艾米抬起头，认真地对可可说："如果单身不幸福，那么退而求其次的婚姻就能幸福吗？"

可可没有说话，一声不响地走了。两个月后，艾米收到了可可的婚礼请柬。虽不赞同可可的行为，但出于多年的友情，艾米还是去了，当她看到可可一脸幸福地和成手牵着手走出来时，一时间艾米心里仿佛也生出一些怀疑：自己是不是错了，这个世界上到底会不会有属于自己的完美爱情呢？

可可和成去蜜月旅行了。多年的老朋友突然不在身边了，艾米竟有点儿不习惯。但她没有时间去乱想，她只能把所有的心思收起来投入到工作中，也只有在工作时，她才会忘记所有的烦恼。

两个月后，可可回来了，给艾米带了一些礼物。从可可的脸上，艾米看不出她到底是幸福还是不幸福，因为可可的脸上总挂着笑容，那笑容让艾米看了有点儿心酸。

自此之后，她们都是各忙各的，很少能再像从前一样一起吃饭，一起疯狂地购物了。就这样，一晃就是3年。

在这3年里，可可有了自己的孩子，她开玩笑地对艾米说："你也得抓紧点儿了，要不然咱们可就做不了亲家了。"艾米笑笑不答。在这3年里，她也认识了几个男孩子，可都没有结果，用她自己的话说，就是不来电。

艾米的爱情来得虽晚，但终究还是来了。在一次朋友的聚会上她认识了浩，浩谈不上帅气，但却有着艾米想要的五官和高大的身材。而浩也看上了艾米的清秀和执着。第一次见面两个人就有种相见恨晚的感觉。浩很细心，有了浩的照顾，艾米再也没有感觉到孤独和寂寞。艾米总是对浩说："这些年来我一直默默忍受着无尽的寂寞，难道是上天派你来拯救我的吗？"这时浩告诉艾米："这些年来，我很少会对哪个女孩心动，可是看你第一眼，我就知道，你是我命中注定的那个人。"

虽然找到了属于自己的完美爱情，但艾米并不想马上结婚，因为她认为婚姻必须经历恋爱这个阶段，没有经过恋爱的婚姻是不完美的。而浩比艾米大3岁，家里人自然希望他尽快完婚，但浩尊重艾米的想法。他说他会一直等到艾米不想谈恋爱了，想嫁给他为止。对于浩的善解人意，艾米十分感动。

就连艾米也没想到，自己到了28岁时还能找到完美爱情。她也曾像可可一样动摇过，因为她也寂寞，但最终她还是坚持住了。因为她知道因寂寞而去谈的恋爱，结局是不会幸福的。她无权评价可可的选择正确与否，但她清楚如果自己当初像可可一样不再坚持而是随便找一个人凑合的话，现在的她肯定是不幸福的。

可可很快就知道了艾米恋爱的消息,看着艾米和浩幸福的样子,可可很替艾米高兴。"米,祝福你终于找到了自己的完美爱情。"这是可可知道艾米恋爱后,对她说的第一句话。艾米看着可可憔悴的脸色,一时不知该说什么好,看得出来可可最近过得并不好。"谢谢你,我也祝福你们。"面对可可的祝福,艾米只能这么说。

在接下来的一年里,尽管家人催得很急,浩也从没有催过艾米结婚。他坚信,爱她就要尊重她。艾米的很多朋友都催她赶快结婚,免得到手的幸福再飞走了,每次听到这些话,艾米都是报之一笑。她自信浩是属于她的,如果连一年的时间他都不能等的话,只能说明他还不够真心。

29岁生日那天,艾米对浩说:"我们结婚吧。"浩愣了一下,然后满脸兴奋地说:"我们家的小公主,终于想结婚了。"就这样,一周后,他们举行了婚礼。

在艾米的婚礼上,可可来了,但成并没有陪她。看着艾米和浩充满幸福的笑容,可可苦笑着想起了3年前艾米质问她的那句话,"退而求其次就能幸福吗?"其实和成结婚后,她就有了答案,"爱情不能退而求其次,更不能因为寂寞,就拿一生的幸福做赌注。"

## 40年，习惯了寂寞

丽莎节假日喜欢到养老院去做义工，老人们也喜欢这个善良的女孩。他们有时会给她讲故事，尤其是他们的一些经历，在丽莎看来，是那样地刺激。

养老院里几乎每天都有新的老人到来，有的是自愿到这里来的，有的则是儿女不愿赡养，或是无家可归。但是不管怎样，这里是老人的天堂，老人们来到这里脸上都洋溢着幸福的笑容。

这天，养老院又来了一位老人，是一个老太太。她的脸上满是伤痕，衣衫破旧，脚步蹒跚。丽莎心想：这位老太太肯定在外面流浪了好长时间了。丽莎赶忙端来一盆清水，又拿来药，打算帮她。谁知老人默默地走到事先安排好的屋子里，便不再出来。接下来的几天，丽莎没有再看到那位老人。她问其他的老人，得知那位老人一直在房间里，没有出来过，饭菜也是别人放到门口。

"她为什么不出来？"丽莎问周围的老人。

"离她远一点，她不是什么好人。"老人们说。

"为什么？"丽莎不明白，在她看来，住在这里的人都是心地善良的好人。

"因为她杀了自己的丈夫，"突然有人说，"不要接近她，知道吗？"

丽莎将信将疑地点点头，但是心里还是充满了好奇：为什么她要杀自己的丈夫呢？

丽莎半夜起来上厕所的时候，突然看到那位老太太一个人坐在院子的石凳上。丽莎走过去静静地坐在她身边，因为听说她杀了自己的丈夫，丽莎感到有些害怕。老人扭头冲她微笑，说："谢谢你。"丽莎有些不好意思地笑笑，她觉得老人并不像人们口中说的那么可怕。

长时间的静默之后老人突然开口说："谢谢你，你是这40年来第一个和我说话、对我微笑的人！"难道之前都没有人跟她说过话吗？丽莎更加疑惑了。"我知道他们一定跟你说过我的事了，你不害怕吗？"老人接着说，丽莎微笑着摇摇头。"好孩子，那我就讲一个故事给你听。"

"在一个小镇上，有一个美丽的女孩，名字叫珍妮。21岁的时候，她遇到了沃德，她的真命天子。然后他们在亲人的祝福下结了婚，婚后一直是很幸福地生活着。后来战争爆发了，他们开始了东躲西藏的日子，珍妮不明白他们为什么要不停地搬家，即使是在安全的地方，沃德也总是说服她赶快到另外一个地方去。最后，珍妮厌倦了这样的日子，他们就又回到了小镇。珍妮并没有意识到危机正在向他们迫近，直到有一天，沃德满身是伤地回来了。珍妮再三追问，沃德终于说出了实情。原来沃德是一名间谍，他的任务就是跟踪这个小镇上的最高统帅，随时掌握他的行踪。但是在一次执行任务的时候，沃德暴露了，所以他们必须不停地搬家。沃德从桌子底下拿出一把枪，请求珍妮开枪将他打死。珍妮吓坏了，她哭着哀求沃德不要这样做。沃德说，一旦自己的身份暴露，不仅敌人不会放过他，自己效忠的那一方也不会放过他。他知道自己无论怎样都逃不掉，但他不想让自己心爱的妻子因此受到牵连，所以才要求珍妮开枪。珍妮颤抖着举起枪指着自己的爱人，却始终开不了枪。沃德握着她的手，将枪口对准心脏，扣下了扳机。沃德带着微笑走了，珍妮丢下枪，抱住自己倒下去的爱人，痛不欲生。第二天，珍妮到警局自首，说自己杀人了,接着她被判处有期徒刑40年。至此,全镇人都知道了她杀了自己的丈夫。在监狱中,珍妮不跟任何人说话,每天除了劳动,就是发呆。她总是想,如果当初自己没有开那一枪,沃德也许就不会死。在监狱里的40年,珍妮忘记了怎么说话,在寂寞和眼泪中怀念着与沃德在一起的幸福时光。"

丽莎终于明白了事情的真相。老人说:"半夜醒来,总是会对着屋顶发呆流泪。一个人只能与自己对话,这就是寂寞吧。40年,我已经习惯了寂寞。"

丽莎看着老人眼角渗出的泪水,突然明白,有时候,人只有在寂寞里才会发现真正的爱。

## 温柔的注视,从未移开

不要总是抱怨爱情里的付出没有换回等值的回报,真爱其实总是在那个被我们怀疑、怨恨的角落里生长蔓延着,当有一天我们不经意间回首时才会发现,原来那温柔的注视,在经年的寂寞里,从未移开。

那一年,她18岁,像一朵春日里盛开的粉色桃花,饱满鲜嫩。她自小学戏,在一个小剧团里唱花旦,扮相俊美,嗓音清亮,把《西厢记》里的小红娘演得惟妙惟肖。他30岁,也在这个小剧团,是头牌,演武生,一杆银枪,抖起来虎虎生威。

台上,他们一个是霸王,一个是虞姬;台下,她叫他老师,他教她手眼身法步,唱念做打功。她偷偷拿了他的戏装练功服,在依旧冰冷的春水里搓得满头大汗。洗好了晾在暖暖的阳光里,旗帜一样飘扬着,她年轻的心,也随着风轻轻飘扬。

明知他是有家室的人，她还是爱了。就像台上越敲越紧的锣鼓，她的心在鼓点中辗转、徘徊、挣扎，终究是一寸一寸地陷落下去。台上，当她的霸王在四面楚歌中自刎于乌江时，她一手拉着头上的野鸡翎，一手提着宝剑，凄婉地唱："君王从此逝，虞姬何聊生……"泪如雨下，横剑自刎……

爱一个人就是这样的吧，她想。他生，她亦欢亦歌；他死，她黄泉相随。

这份缠绵的心思，他不是不懂，可他不能接受，因为他有妻有子。面对她如花的青春，他无法许给她一个未来。他躲她、冷落她，不再和她同台演出。她为他精心织就的毛衣，也被他婉言拒绝。没多久风言风语渐起，在那个小小的城市，暧昧的新闻比瘟疫流传得还快。她的父亲是个古板的老头，当即就把她从剧团拉回来，锁进偏屋。

黄铜重锁锁得了两扇门，却锁不住一颗痴情的心。那一夜，她跳窗翻墙逃到他的宿舍，扑进他的胸膛，对他说，我们私奔。

私奔也要两情相悦，可他们不是。他推开她，拂袖而去，只留下两个字：胡闹。

从那以后，无数个夜晚她都辗转难眠。

半个月后，她重回剧团，事业正如日中天的他已经辞职离去，杳无音信。她的心成了一座空城，寂寞而冰冷。她终于明白，原来这份爱从头到尾，其实都是自己一个人的独角戏，可是她入戏太深，无法醒转归来。

20年转眼即过，人到中年的她，已是著名的戏曲表演艺术家。夫贤子乖，家庭幸福。她塑造了很多经典的舞台形象，却再也没有演过虞姬。因为她的霸王，已经不在了。

那一年元宵节，她巡演来到昔日的小城。连演五场，场场爆满。掌声、欢呼、鲜花，都是她熟悉的场景。可分明又有什么不一样，她隐隐感到有一双眼睛，如一簇灼热的火焰长久地追随着她。待她去找时，又没入人群不见了。谢幕后，她忽然收到一纸短笺，上面写着一行潦草的大字：20年注视的目光，从未移开。

她猛然就怔住了，20年的情愫一瞬间涌上心头——是他。她追出来，空荡荡的观众席上寂静无人，她捧着那张短笺，不禁潸然泪下。

是的，他一直都是爱她的。但是他明白，那时的她是春天里风华正茂的树，而这份爱却是她挺拔的树干上一枝斜出的杈，若不狠心砍下，只会毁了她。所以，他必须离开。如今，她这棵当年的小树已经长成参天大树，但在她成长的每一个枝丫间，都有他深情注视的眼睛。

## 那份比天高的爱

有时候，寂寞和孤独的背后是责任、是牺牲，是一份比天还高、比地还厚的伟大的爱！

父亲因病去世的那一年，儿子还在上小学。母子两个相互搀扶着，用一堆黄土安葬了父亲。

母亲没有改嫁，独自一人承担起抚养儿子的责任。那时，村里还没通上电，儿子每晚都在油灯下静静地读书、写字，母亲则在一旁借着昏黄的灯光，一针一线细细密密地将母爱缝进儿子的衣衫。日子就这样一天天过去，儿子也一天天长大，家里斑斑驳驳的土墙上满满的全是他在学校获得的奖状。望着已经高出自己半头的儿子，母亲皱纹不断增多的脸上总是忍不住绽露出笑容。

原野秋黄的时候，儿子考上了县重点一中，可是母亲的双腿却患上了严重的风湿病，田里的活干不了了，家里的日子越发艰难，有时甚至连饭都吃不饱。而当时的学生到高中上学，每月都得带40斤米交给食堂。儿子知道自己家里的状况，不想让母亲再为自己作难，就说："娘，这学我不上了，我下田帮你干活。"母亲疼爱地摸着儿子的头，说："你有这份心，娘打心眼儿里高兴，但学是必须得上。放心，娘生下你，就有法子养你。你先去学校报到，我随后就把米送去。"儿子铁了心说什么也不去，母亲怎么劝都不听，情急之下，母亲挥起粗糙的手掌，结结实实地甩在了儿子的脸上，从小到大母亲第一次打了他……

儿子拗不过母亲，只好收拾了简单的行李去上学，望着他渐远的背影，母亲靠在门上陷入了沉思。

没过多久，姗姗来迟的母亲来到了县一中的大食堂，她一瘸一拐地挪进了门、气喘吁吁地从瘦弱的肩膀上卸下一袋米。负责登记的张师傅打开袋子，抓起一把米看了看，眉头就皱了起来："你们这些家长，就喜欢占点儿小便宜。你看看，你拿来的这袋米有早稻、中稻、晚稻，还有细米，简直把我们食堂当杂米桶了。"母亲脸一下子红了，低着头连说对不起。张师傅见状，也不好再说什么，就在登记簿上记下了名字。母亲又掏出一个小布包，说："师傅，这是5块钱，我儿子这个月的生活费，麻烦您帮我转交给他吧。"张师傅接了过来，听到布包里传出来硬币碰撞发出的响声，便开玩笑地说道："你是街上卖茶叶蛋的吗?"母亲的脸又红了，支吾着道了谢，蹒跚地离开了。

第二个月初，母亲又背着一袋米来到了食堂，张师傅打开袋子一看，又是一袋杂色米，不禁有些生气。但他想可能是上回没给这位母亲说清楚，于是就耐着性子对她说："什么米我们都收，但不一样的品种要分开装，千万不能混在一起，否则煮出来的饭夹生。下次要是再这样，我就不收了啊。"母亲有些惶恐地请求道："师傅，我家的米都是这样的，怎么办?"张师傅感觉有点儿哭笑不得:"你家一块地能长出百样米?真是奇怪了!"母亲张口结舌,无法作答。

第三个月初,母亲照例又背来了一袋米,张师傅打开袋子一看,勃然大怒,瞪大了眼睛对母亲喊道:"哎,我说你这个做妈的,你怎么回事?不是都给你说清楚了吗,我们不收杂色米,你怎么还拿这种米来?这个我不能给你登记,你怎么背来的,还怎么背回去!"母亲似乎已经预料到会这样,她双膝一弯,跪在了张师傅的面前,泪流满面地说:"师傅,跟您说实话吧,这些米是我讨……讨饭讨来的啊!"张师傅一听此话,大吃一惊,顿时说不出话来了。

母亲缓缓挽起裤腿,露出来一双僵硬变形、红肿的大腿……母亲抬手抹了抹眼泪,说:"我得了晚期风湿病,连走路都困难,更别说种田了。儿子懂事,非要退学帮我,被我一巴掌打到学校来了……"接着母亲向张师傅解释,因为怕儿子知道了伤他的自尊心,所以她一直瞒着村里人。每天天蒙蒙亮,她就揣着空米袋,挂着棍子悄悄到十多里地以外的村子去讨饭,一家一户地走过,一直挨到天黑掌灯后才偷偷摸摸回家。她把讨来的米聚在一起,月初送到学校……听完母亲的话,张师傅不禁潸然泪下。他把母亲扶起来,说:"可怜天下父母心啊,我马上去告诉校长,要学校给你家捐款。"母亲急忙不停地摇着手:"使不得啊,使不得,如果儿子知道娘在讨饭供他上学,会伤害他的自尊心,耽误了他的学业就不好了。您的好意我心领了,只求您为我保密,千万不要让我儿子知道!"说完,母亲一瘸一拐地离开了学校。

张师傅最终还是把这件事告诉了校长,校长没有说什么,只是以特困生的名义减免了儿子3年的学费与生活费。3年后,儿子以630分的优异成绩被某大学录取。毕业典礼的那天,学校热闹非凡,喧天的锣鼓声中校长将母亲的儿子请上主席台,儿子很纳闷:考了高分的同学有好几个,为什么单单请我上台呢？更让人疑惑不解的是，台上还放着3只鼓囊囊的蛇皮袋。接着，张师傅走上台开始讲述母亲讨饭供儿子上学的故事，台下一时鸦雀无声。校长用手指着3只蛇皮袋，激动地大声说："这就是那位母亲讨来的3袋米，是比黄金还宝贵的粮食。下面让我们欢迎故事里的伟大母亲上台！"儿子怔怔地看着张师傅扶着母亲一步一步挪上台来，母亲头发早已花白，目光温暖而欣慰，儿子冲过去一把抱住瘦弱的母亲，泣不成声："娘啊，我的娘啊……"

/ 第三章 /

坐在时光里等待花开

成功之前总是要经历寂寞的等待，在这段漫长的时光里，总要不悲不喜、不惊不惧，慢慢地等花开。毕竟，生命的花开，总要经过岁月的沉淀。

## 把潮湿的心烘干

　　任何人的成功都不是简简单单就能取得的，因为通往成功的道路上总是密布着坎坷荆棘，追寻成功的过程不会总是艳阳高照，我们的心情偶尔也会被阴霾所覆盖，这个时候我们需要做的不是怨天尤人，而是静下心来，把这一切艰难当作通往自己梦想的台阶，奋力踏上去，就离成功又近了一步。

　　1997年，《泰坦尼克号》席卷全球，票房更是史无前例。导演卡梅隆也因此闻名天下。沉寂数年后，卡梅隆携着《阿凡达》剧本卷土归来。道具、拍摄场地等都已准备完毕，唯独男主角迟迟不能确定。

　　卡梅隆认为，男主角选择成功与否直接关乎影片的成败。于是，他决定在世界范围内，进行一次演员挑选。2005年1月，科幻巨制《阿凡达》男主角公开招聘会在纽约时代广场拉开了帷幕。是日，群星闪耀，大腕云集。卡梅隆作为主考官，向所有人提出一个问题："你是如何应对人生困境的？"成千上万份答案中，有一个来自澳大利亚的年轻人写道："受潮的火柴擦不亮火花。"仔细看落款才发现这个年轻人名叫沃辛顿，之前拍过几部影片，也算小有名气。

　　"就你了！"卡梅隆看完之后当即拍板，并且马上和沃辛顿签订了合约。在场的人都被这突如其来的一幕搞得莫名其妙，众多满怀希望的影星都带着疑惑和愤懑悻悻而去。对于卡梅隆选中如此一个名不见经传的黄毛小子，人们议论纷纷。同行们大都感到不可思议，投资方也是不明所以。但在电影圈内，卡梅隆的偏执和他的天才一样人尽皆知。所以没过多久，影片就开始了紧张的拍摄。

2009年底，《阿凡达》上映之后，票房一路飙升，三周之内即成为了影史第二卖座片！人们在感叹沃辛顿的非凡演技之余，也对卡梅隆的慧眼识珠赞不绝口。有记者问他："是什么让你大胆地起用当时还是新人的沃辛顿？难道仅凭他那一句'受潮的火柴擦不亮火花'？还有，你能为我们解释一下沃辛顿这句简短的答案吗？""一个有着如此悟性和积极心态的人，才配出演我卡梅隆作品的男一号。"卡梅隆的回答简短有力，但是对于那句话的意思却含笑不答。

于是记者们又一窝蜂地跑去问沃辛顿。沃辛顿笑着解释道："高中毕业后，为了生活，我背井离乡，四处辗转。后来我在工地上当了一名泥瓦匠。有一年冬天，我一个人蜷缩在一个潮湿的地下室里，刺骨的寒冷让我瑟瑟发抖。于是，我打算点一沓报纸来取暖。但整整划断了一盒火柴也没能点着，饥寒交迫的我感觉天意弄人。但也就是在那一刻，我仿佛听到一个声音在对自己说：'沃辛顿，你的心被失意颓废这些灰暗的情绪濡湿了，赶紧把它烘干，否则你将永无出头之日！'后来，我一边打工，一边自学起了从小就向往的表演艺术。在追寻理想的道路上，荆棘缠绕，但不管遇到什么，我的内心始终都保持着坚定、乐观和勇敢。因为我知道，火柴一旦受潮后，无论如何都是擦不亮火花的。"

## 是金子,即使深陷泥土,也终会发光

不被理解是每个时代的天才所共有的命运,就像蝴蝶蛹总是被虫蚁嘲笑一样。但是没有必要为此而悲伤失望,更无须反驳辩解,因为时间会证明一切,当这段寂寞孤独的时光走过,吹去尘埃的金子总会发出耀眼的光芒。

惠特曼被誉为美国最伟大的田园诗人,他的第一本诗集《草叶集》在世界各地都有译本,畅销不衰。但在最初时却没一个出版商愿意发行这本书。

1854年,惠特曼从事新闻记者工作,并兼职在印刷厂上班。当《草叶集》完成时,他询问了许多出版商,但他们都表示毫无兴趣。他只好请求印刷界的朋友帮助,好不容易才出版了薄薄的一本小书。

没有人对这本好不容易出版的《草叶集》感兴趣,赠送出去的数量远远大于销售的数量,惠特曼甚至有些夸张地说:"一本也没有卖出去。"还有一位文学编年史家把这本书的销售状况描述为美国文学史上最大的失败,其凄惨情形可想而知。

不单是销售失败,一些文学评论家对《草叶集》的负面评论也很多。但是,这些挫折与打击都没有击倒惠特曼,他仍坚守着热爱自由、赞美大自然的本性。他的这些不妥协的作品,慢慢成为文学精英人士谈论的话题,也使得初版时赠阅出去的《草叶集》不断流传。

1860年,波士顿一家出版社写信给惠特曼,希望再版他的诗集,因此,增加了许多新作的《草叶集》出版了。这次的销售情况比此前好多了，几年后各种不同版本的《草叶集》被不断地出版发行，销售也越来越好，人们逐渐理解了惠特曼在诗中所要表达的情感，越来越多的人开始喜欢惠特曼的诗。

由此我们明白，要永远对自己抱有信心，并且不因别人的曲解和非难而改变自己的初衷，坚持自己的梦想，并努力把它变成现实。自己始终信任自己、接纳自己，最终别人也一定会接纳你、欣赏你。是金子，无论它沦落到泥土里有多久，它迟早会被发现，并最终闪闪发出光来的。

在未被众人理解之时，我们要学会忍耐，要不断地鼓励自己，别太在意别人的嘲笑，要能够抗拒挫折，不轻易承认失败。在困难的时候努力再挺一挺，再坚持一下……

## 请允许我尘埃落定

爱情是两种性格和生活方式的互补、磨合。爱是责任，是贫富相依、健康疾病都相濡以沫、不离不弃的誓言。生活就像是一条不停奔涌向前的河流，不会有太多的激昂澎湃，寂静平缓地流淌才会看见幸福的海岸！

一个叫赵晓梅的女孩为我们讲述了她的爱情故事。

男友郭宇用尽了所有的积蓄在河边买了一套小房子，简直比麻雀窝还要小，但是推开窗就可以闻到河水的气息。更难得的是，房产证上的名字是赵晓梅。

我像模像样地以一个女主人的身份开始装修它，客厅的墙壁是粉红色，配一张小小的红色双人沙发；卧室是浅浅的紫，如梦幻似的颜色，可以吞没我所有张扬的梦。

我蹲在地上擦未干的油漆，郭宇突然故作嬉皮笑脸地靠近我："报告房主，这是我最后一点儿财产，申请上缴。不过这东西有点寒酸，折价后200元。"

最后一句话，他的声音明显底气不足。我咧开嘴笑了，他手心里托着一枚细细的银戒，虽然没有钻石的闪亮，但那微小的光泽，丝丝缕缕地拴住了我的心。

"戴上嘛！我是在求婚呢！"郭宇死乞白赖地恳求道。"哪有这样求婚的？"我鼻子有点儿酸，低下头，以免那小子看到我感动的泪水会春风得意。"来来来，我亲自给你戴上。"他慢慢走到我面前。我伸出左手，故意板起脸说："天天给你擦地板，手指头都变粗了。"转身去厨房洗手，脸上的笑藏都藏不住。

手机在这个时候响了起来，电话里的声音我一辈子都忘不掉："晓梅，我回来了！"

我的笑容一下子僵在了脸上。

钟成戴一副无框眼镜，看上去斯文了许多。他坐在咖啡厅里，下巴微微仰起，望着落地窗。我站在一棵大树后面，犹豫良久，最终还是将左手无名指上那枚银戒指轻轻摘了下来。

钟成看着我走进来，脸上的笑缓缓打开，像错过了季节的花。他喝咖啡的姿势像极了海归一族。

我笑着说："钟成，你打哪冒出来的？"我16岁就认识钟成，他梳着小平头，叼着一根烟，三拳两脚就把欺负我的小流氓打跑了。那是一场英雄救美式的相遇，虽然他的体积更像狗熊而我也并非美人。从此，我成了他的跟屁虫，大家都说钟成就是个小混混，可我仍觉得他好，因为他的眼神清澈。

"我昨天晚上刚下的飞机。"

"这么多年你也不和我联络。"

"我怕一听见你的声音就忍不住从大西洋那头飞回来。"

"你也会开这样暧昧的玩笑了？你学坏了。"

"真的，晓梅，我真的很想你。"

他说这话的时候，一本正经地坐在那里望着我。他的眼神依然那么清澈。他从手提包里拿出一个牛皮烟盒，抽出一支烟，点燃，缓缓地吐出一口烟雾。那个旧烟盒已被磨破了边角，那是我用拙劣的针脚细细密密地缝制的。想当年，我把烟盒送给他时，他若无其事地扔在车篮里，他说，这东西带在身上很麻烦。

我们都不说话。过了一会儿，他站起来，我像很多年前那个小跟屁虫一样走在他身后。

钟成把车停在河边公寓下面。他抬抬头："日子过得挺不错的嘛！不请我上去坐坐？"我笑笑，摇头。

他其实没有下车，我也不可能邀请他。因为15层的小房间里有个叫郭宇的男子。

我和郭宇是在一次网友聚会上认识的，他忽然挤到我面前，大声地说："我暗恋你已经半年了。"然后他报出自己的网名，我睁大眼睛，原来就是他天天在我的版上扔我板砖。

郭宇是经济适用男，幽默风趣，脸皮挺厚，至少在追求我的过程中，他肯撕破自己的脸皮。最重要的是，他爱我。

在我25岁遇见郭宇那年，钟成已经到英国两年多，我需要一个心细的男人来疼爱我。

我进门就看见郭宇已经将乱糟糟的新房子收拾干净了，他正趴在窗口，头也不回："那车挺棒，就是开车的小子有点胖。"

"是个老同学。"我有些做贼心虚地解释，其实只不过和钟成喝了不到一个小时的咖啡而已。

"我又没吃醋。"他咧嘴笑了笑。他的目光不经意似的掠过我手指，我恍然发现自己忘记将那枚银戒指戴上。郭宇笑了笑就进了卧室，我看着窗外的河水，心里有些微微的痛。

再次见到钟成是在高中同学的聚会上。他坐在人群中间，从前面孔严峻的老师们争相夸奖他如今事业有成。

我几乎没怎么说话。身边这些长大了、世故了的面孔让我不忍回顾。钟成仍旧把我放在身边，像高中时代一样，可我们再也回不到十七八岁的年华了。

18岁那年，我考上了重点大学。他被他爸逼着进了补习班。我几乎每个礼拜都给他写一封信，他半年内只回了一封，而且只是寥寥几行字，他说他仍旧每天打架、逃课、无所事事。

他生日那天，我千里迢迢地回到老家把牛皮烟盒送给他，他吹了声口哨就扔到了自行车的车篮里。我说："钟成，其实我很喜欢你，我希望你能考到我所在的城市来。这样我们就能在一起了。"他看看我，夸张地笑起来："我一直把你当成是哥们儿。"

从此，我不再给他写信，一年之后，他突然去了英国。他从来都不知道，在与他形影不离的青春岁月里，我的心一直那么痛。

钟成从人群里转过头，贴在我耳边说："我们逃课吧！"在我还没做出反应的时候，他已经拉着我的手离开了人群。

他带我去了那家郭宇与我念念不忘但又从来没进去过的西餐厅。面对那张英文菜单，我有些窘迫。他用流利的英语和侍应生交流，举止得体。我呆了片刻，实在难以把眼前的钟成和当年那个愣头小子联系起来。

钟成拿出一枚漂亮的钻戒放在我面前，"我不知道是不是有些晚，但还是想送给你。其实我一直都在喜欢你，只是当年你太优秀了，我觉得自己配不上你。后来我决定出国奋斗，好让自己有一天能够把最好的爱给你。最初的日子很艰难，心里想着你，才慢慢地熬过来。"他说这些话的时候，冷静的样子像极了偶像剧里的男主角。

"钟成，你一定是在小学时就没好好听老师讲课，不然你不会不知道刻舟求剑的故事。"我的眼泪慢慢流了下来。我把左手伸出去，露出我纤细的银戒。"已经太晚了，我这个你不爱的人，已不是单身一个人。"

不知道别的女生会为了自己年少时的单恋坚持多久，但，爱是一件吃力的事情，它会一点一点耗光你的青春。时间的河流日夜不停地向前奔涌，我在无望的守候里，心甘情愿地登上了别人的岸。

我和钟成告别。我没有告诉他，对他的那份爱仍旧留在心里最妥帖的地方，但它永远只能留在最初的年华里。

回到河边公寓的时候，郭宇已经在被子里睡得香甜。我从背后抱住他，他忽然转过身，像孩子一样将头抵在我的下巴上："我真怕你不回来。"我愣了一下，这个天不怕、地不怕，丢脸也不怕的郭宇竟然会如此担心我离去吗？

"我这么穷，而且可能一辈子都这么穷，你不会后悔吧？"我伸过脚踹他几下。一起吃苦的幸福，总胜过胆怯懦弱的躲避。之所以会爱上怀抱里的这个男子，因为他有颗勇敢的心。他清楚地知道，200元的戒指也可以代表一辈子最坚贞的承诺。

深夜的河边，有人歌唱：请允许我尘埃落定……

## 沉住气，如楠竹

记得有一个典故，战国时的齐威王即位伊始，沉迷于酒色，荒废朝政，以至于国势衰弱，诸侯入侵。有个大臣劝谏他说："咱们的国家有个大鸟，三年来不飞也不叫，整天就是浑浑噩噩地蜷缩着，大王你说这是怎么回事？"齐威王听出了这个大臣话里的意思，并且决心改过，于是说："这只鸟三年不展翅是为了等待羽翼丰满，你等着吧，它三年不飞，一飞冲天，三年不鸣，一鸣惊人！"自此，齐威王整顿吏治，鼓励生产，出兵诸侯，收复失地，着实做出了一番作为！齐威王隐忍了三年，其实是为了休养生息，丰满羽翼，如没有这三年的寂寞等待，也就没有他之后的称霸天下。

有个男人到南方打工时，一位工友送给他一包楠竹种子，他回家后就把它们撒在了自家承包的荒山沟里。或许是楠竹不适合在北方生长的缘故，如此多的种子撒下去，却仅有一粒成活。虽然只长出一棵楠竹苗，但这个男人还是高兴万分地经常给它施肥、浇水。

一天、两天、三天，一个月、两个月、三个月……让这个男人感到失望的是，周围的灌木甚至蒿草都已经从幼苗长到三尺多高时，那棵楠竹苗还是一动不动。第二年、第三年……虽然水丰田肥、光照充足，但那棵楠竹苗还是一动不动。

一直到第七年，一场春雨过后，这个男人到山沟里一看，竟然发现有一棵三尺来高的楠竹一夜间拔地而起。他非常奇怪，为什么时过6年楠竹才开始生长！更奇怪的是，从此以后，每天都有更多的楠竹苗破土而出，并都以每天70厘米的速度疯长，一个月后，过去荒凉的山沟居然变成了一座生机勃勃的楠竹园。

这个男人惊诧之余，拿着铁锹四处挖了挖山沟的土地。他发现楠竹的地下鞭茎已经覆盖了整个山沟。原来，在过去的6年里，虽然地面上的楠竹苗并没有长高的迹象，但在地下，它的根系却在不停地壮大和蔓延。

你是想做永远都长不高的灌木、蒿草，还是想做一夜之间拔节冲天的楠竹？如果你想做楠竹，就要拥有楠竹的气度，就要沉得住气，耐得住寂寞。在寂寞里不急不躁，默默积攒能量，等待一飞冲天的时机。一旦时机成熟，何愁不能一鸣惊人？

## 心里有目标，就不在意脚下是何道路

道路的曲折坎坷并不是成功道路上的最大障碍，成败的关键在于一个人的心志。只要心中的理想之火不曾熄灭，即使道路再艰险崎岖，前途也终将一片光明！

有一个小沙弥，每天天刚蒙蒙亮，他就要匆匆起床，担水、扫地，做完早课后还要去十多里之外的市镇上购买寺中一天所需的日用品。回来后，还要劈柴、浇花，晚上还要研读经书直到三更鼓响。

有一天，小沙弥稍有闲暇，在和其他小沙弥聊天时发现别人都过得很是清闲，只有他一人整天在忙忙碌碌。别的小沙弥每天只需按时做完早课就可以，而他却要扫地、劈柴，终日不得闲；别的小沙弥虽然偶尔也会被师父派去下山购物，但他们去的就是山脚下的市镇，路途平坦距离也近，买的东西也大多是些比较轻便的。而十年来师父一直让他去采买日常用品的市镇，距离寺庙有十多里的路程，中间还要翻越两座山，道路崎岖难行，回来时也是肩头沉重。于是，小沙弥找到师父，问："为什么别人都比我轻松呢？他们不用干活读经，而我却要整天忙个不停呢？"师父微笑不语。

几天后的中午，当小沙弥扛着一袋粮食从市镇上回来时，发现师父正站在寺庙大门口等着他。师父让他把袋子放下后，就盘膝坐在门口青石上闭目不语，小和尚不明所以，只好静静地侍立在一旁。太阳落山的时候，山路上转过几个小沙弥的身影，当他们看到师父时，一下愣住了。师父睁开眼睛，问那几个小沙弥："你们一大早就被我派去买茶，路这么近，又这么平坦，怎么直到现在才回来？"

几个小沙弥面面相觑，说："师父，我们边说笑边看风景，就到这个时候了。十年来都是这样的啊！"师父又问侍立在一旁的小沙弥："你去的市镇离此有十多里远，翻山越岭，山路崎岖，而且你还背着那么重的粮食，为什么反而回来得早呢？"小沙弥说："我每天在路上都想着距离颇远，中间山路又难行，须当快行，而且肩上的东西重，我必须要小心地走，所以反而走得又快又稳。十年以来我已经习惯，心里有目标，也就不在意脚下是何道路了！"

师父闻言大笑："道路平坦了，心反而不再关注目标。只有崎岖坎坷的道路，才能磨炼一个人的心志啊！"

没过多久，寺里忽然开始对每位弟子严格考核，最优秀者将被选拔去完成一项特殊的使命。从身体到毅力，从经典到悟性，经过了重重考验，小沙弥因为之前十年的磨炼，毫无疑问地从众人中脱颖而出。在众人钦佩的注视下，小沙弥坚毅地走下山去。

# 像跪射俑一样，避开无谓的纷争和伤害

老子云："满齿不存，舌头犹在。"意思是说坚硬的牙齿脱落了，柔软的舌头还在。在适当的时候，适当地保持低姿态，绝不是懦弱和畏缩，而是一种聪明的处世之道，是人生的大智慧、大境界。

在秦始皇陵兵马俑博物馆，有一尊被称为"镇馆之宝"的跪射俑。它被称为兵马俑中的精华，中国古代雕塑艺术的杰作。陕西省就是以跪射俑作为标志的。

跪射俑身穿交领右衽齐膝长衣，身披黑色铠甲，胫着护腿，脚上穿方口齐头翘尖履。头绾圆形发髻。右膝跪地，左腿蹲曲，右足竖起，足尖抵地。双目炯炯，凝视左前方。上身略微向左倾斜，两手在身体右侧一上一下作持弓弩状。跪射的姿态古时称之为坐姿。坐姿和立姿是弓弩射击的两种基本动作。坐姿射击时重心稳，省力，便于瞄准，同时目标小，是防守或设伏时比较理想的一种射击姿势。秦始皇陵兵马俑坑至今已经出土清理各种陶俑1000多尊，除跪射俑外，皆有不同程度的损坏，需要人工修复。而这尊跪射俑是至今为止唯一一尊未经人工修复，保存最完整的兵马俑。甚至仔细观察就连衣纹、发丝都还清晰可见。

跪射俑之所以能保存得如此完整完全得益于它的低姿态。首先，跪射俑身高只有1.2米，而普通立姿兵马俑的身高都在1.8米至1.97米之间。兵马俑坑都是地下坑道式土木结构建筑，当棚顶塌陷、土木俱下时，高大的立姿俑首当其冲，低矮的跪射俑受到的损害就小一些。其次，跪射俑作蹲跪姿，右膝、右足、左足三个支点呈等腰三角形支撑着上体，重心在下，增强了稳定性，与两足站立的立姿俑相比，不容易倾倒、破碎。因此，在经历了两千多年的岁月风霜后，它依然能够如此完整地保存下来。

跪射俑其实也包含着深刻的处世之道。年轻人初入社会时，往往个性张扬恣意，不会委曲求全，结果可能会处处碰壁。而涉世渐深后，就学会了内敛，少出风头，专心做事，也就是知道了轻重、分清了主次。

我们应该像跪射俑一样，时刻保持处世的低姿态，避开无谓的纷争和意外的伤害，才能更好地保全自己、发展自己、成就自己。

## 如果你是一块"石头"，就用心雕刻

合抱之木，生于毫末；九层之台，起于累土。不要小看了一点一滴的积累，涓涓细流可以汇聚成茫茫大海，成功的奥秘其实就是在不起眼的时间里默默努力。

他在小的时候，没有人说他有文艺天赋，但是每当学校里搞联欢表演活动时，他总是第一个报名。小伙伴们开玩笑地笑话他："大家快来看，小胖墩也要学跳舞。"天真可爱的他，还总喜欢学着电视里的演员说话表演，逗身边的人开心。

他的父母都是医生，他们的期望就是他能考上一所好大学。但是在他的内心里一直有一个表演梦，他想拥有一个属于自己的舞台，但是他又不知道如何实现梦想。

临近高考的一天，他写作业累了，就随手拿起桌边的一张报纸翻了翻，忽然看见一则简短的消息：北京××××剧院演员培训班招生。看到这条消息时，他的心不知为何竟怦怦地跳个不停。经过一晚上翻来覆去地挣扎考虑，他决定第二天去报考。

父亲知道后当即就火了，母亲也反对他放弃马上就要到来的高考而去学话剧。但他并没有就此妥协，他瞒着父母偷偷溜出家门，去了报名地点。其实他心里也没底，因为他根本没有什么"资历"。他想了想自己的获奖经历，唯一与文艺沾点边儿的是在一次演讲比赛中得过奖。有奖就行，他心一横，无论怎样也要试一试。

没想到这一试，他竟顺利地被录取了。他一路飞跑回家把这个好消息告诉了父母，并成功地说服了他们。

就这样，17岁的他进入了北京××××剧院。

毕业后，他选择留校。在北京××××剧院，他演了8年的配角，在很多演员由平静变得浮躁的时候，他选择了默默守候，无论什么样的角色，他都要用尽全部心思，演出自己的本色。8年的配角生涯里，他坚守住了寂寞，磨炼出了精湛的演技。渐渐地，他成了剧团里的重要演员。

1996年，他凭借在美国话剧《篱笆》里的精彩表演，获得了第三届中国话剧"金狮奖"。两年后，他又因出演《贫嘴张大民的幸福生活》而家喻户晓。从2004年到2010年期间，他一口气拍了四部《神探狄仁杰》，他用自己精湛的演技征服了观众。随着这部电视剧的热播，全国的电视观众都记住了这张憨厚中透露着睿智的笑脸。

他就是国家一级演员梁冠华。

他说，自己就像一块石头，不奢望点石成金，但石头是可以雕刻的，他只希望能将自己精雕细琢成一块有用的石头。抱着这样的态度，他参演的每一部戏几乎都成了他的代表作。从开始的"门外汉"，到现在的"四大台柱"，他不停地雕刻着自己，把一个年少时的梦想雕刻成了辉煌的成功。

## 萨贺芬的花落花开

每一个人对于这个世界都拥有自己独特的使命和价值，因为每个人都是独一无二的。

白天，她是杜佛夫人家的帮佣，头发蓬乱、衣裙破旧。她一刻不停地劳作，擦地、洗衣、修剪草坪……雇主夫人的嘲笑，房东太太的谩骂，这里的一切都使她筋疲力尽、痛苦不堪。

但是每当结束了一天的劳碌，她趴在自己那间破旧的小屋的地板上，借着油灯昏黄的光亮细细地勾画一幅幅美妙绝伦的画作，小声地唱着快乐的歌谣时——这是她一天中最快乐的时光，画笔的挥洒让她忘记了所有的劳累和疲惫，忘记了周遭的嘲讽和轻蔑。她没有画布、没有画架，更没有画桌，甚至连画画的颜料都是她赔着笑脸赊来的——她甚至经常自己调制颜料：路边的野草、河底的淤泥、动物的血液等都是她的"独家配方"。她用手指蘸满颜料，在一块块小木板上，自由自在地画着只属于她自己的画。

她在这个名叫桑里斯的法国小镇上，走过了50年的人生岁月。她没结过婚，只谈过一次失败的恋爱。她很少与人交流，没有人知道她是一个画家，也没有人关注过她的画，人们只知道她是在杜佛夫人家干杂役的佣人。

1914年的一天，一位名叫伍德的客人来到了杜佛夫人家。伍德是德国著名的收藏家和艺术评论家，毕加索、布拉克都把他引为知己。在杜佛夫人的晚宴上，伍德无意中看见墙角有一块小木板，木板上画着几个苹果。它静静地站立在角落里，但丰饶的颜色赋予了它喷薄欲出的生命力。伍德异常惊喜，在他看来，这幅画不但用色绚丽饱满到让人眩晕甚至窒息的地步，而且画法自然、不事雕琢，简直就是绝美。无比惊讶的伍德急忙打听作者的名字，杜佛夫人轻蔑地说："这不过是家里一个叫萨贺芬的女佣画的，她可从来没学过绘画。"伍德不顾众人惊讶怀疑的眼光，他找到萨贺芬当即买下了这幅画，并鼓励她说她是一个才华横溢的女画家，希望继续多加练习，并承诺会资助她，希望在不久的将来能为她在巴黎举办个人画展。

就在萨贺芬每天兴奋地为个人画展而努力创作的时候，命运跟她开了一个残酷的玩笑：一战爆发了，德国军队打进了法国。伍德被迫逃离了法国。临走时，他告诉萨贺芬，希望她一直坚持画下去。萨贺芬的生活又陷入了困窘。尽管窗外战火纷飞，朝不保夕，生活艰难，萨贺芬仍旧默默地坚持着，每天都在画板上不停地涂抹着颜色。

就这样13年过去了，时间已到了1927年。

有一天，伍德再次来到了桑里斯小镇。他在小镇正在举办的画展上，看到了"萨贺芬"的画作。他称赞萨贺芬是不服输的伟大画家，并允诺将继续为她筹备巴黎画展。

"先生，您知道吗？执着于自己的作品，就是忠诚于你自己，当我悲伤时，我会去野外摸摸树，和花、鸟、虫子说说话，然后告诉自己一切就会好的。"此时的萨贺芬，眼睛里充满着对未来的希望。

在伍德的资助下，萨贺芬的生活有了明显的改善：她第一次购来亮晶晶的银器，第一次有了宽敞的画室，她还精心布置了房间，甚至给自己定做了一套一生中最昂贵的纱裙准备在画展的开幕式上穿。

然而，就在画展前夕，前所未有的全球经济危机爆发。事先约定好的巴黎画展被联合举办方临时取消。

命运又一次捉弄了萨贺芬。

痛苦失望的萨贺芬又重新回到了自己破旧的小屋。昏暗的烛光下，她握着画笔，一刻不停在画板上疯狂地涂抹着，直到最后被邻居送进精神病院。

1942年，萨贺芬在疗养院寂寞离世。

1945年，在伍德的多方努力和奔走下，萨贺芬的作品终于在巴黎和世界各地展出，萨贺芬一举成为法国"现代原始画派"的著名画家。

萨贺芬生前寂寂无闻，穷困潦倒，饱受世人的轻蔑和嘲笑，一生都在寂寞中度过。但她又是快乐的，她热爱绘画并且几十年坚持不懈，她在执着追求中实现了自己独特的人生价值。

## 漫步在阳光风雨中

在这个世界上，有无数美丽的风景，但更美的是人的梦想。时间是有力的，但更有力的是人的梦想。

一个平凡的邮递员，日复一日地在乡村之间穿行。生活简单平静，也没有奇迹，就像每天行走于脚下曲折的小路，停停转转却没有意外的风景。

他一个人默默地行走着，尽职尽责地传递他人的离别思念、悲欢故事、财富渴望……其实，他也有梦想和悲欢，只是没有人可以倾诉，也没有人多去了解。邮递员每天在心中独自唱着美丽的歌，寂寞安静地行走在阳光风雨中。

一次，他在抬头看天上的云朵、出神遐想的时候，一不小心被一块石头绊倒。他把这块绊倒他的石头拿到眼前仔细端详，发现它竟然是那样地美丽，就像是一块被遗弃在荒野中的宝石，蒙着岁月的风尘，一旦拂去风尘，就会在瞬间散发出辉煌的光华。

邮递员捧着这块石头爱不释手，然后将它放入自己的邮包。因为得到了这样一块美丽的石头，他的心情无比美好，思绪纷飞，如同五彩斑斓的蝴蝶急于找寻落脚的花朵。他抚摸着石头，心底缓缓升起了一个念头：如果用这样美丽的石头建造一座城堡，该是多么地瑰丽动人。

幸运的是，在这里，这样美丽的石头俯拾即是。庸常的东西突然具有奇迹般的意味，仿佛是第一次发现这样的宝库，以往依稀的梦想如今变得像石头一样坚定确切。

从此之后，送信和捡石头成了他每天必做的工作——一个轻盈而又沉重的工作。梦想在不断膨胀，小小的邮包已经难以装下，需要用独轮车来装载。

人们看到邮递员用独轮车装着信，同时装载满满一车奇形怪状但也随处可见的石头，不明白他在干什么。他说，要给自己和大家建造一座前所未有的城堡，这些石头会带来奇迹，带来一种崭新的存在。

就这样，他白天传递别人的梦想，晚上建造自己的梦想。没有人愿意加入进来，他们觉得这是痴人说梦。邮递员不为所动，兀自快乐、幸福地建造着自己的城堡，建造着一个人的梦想。

日升又日落，二十多年过去了，邮递员的城堡终于落成，辉煌壮观，如童话里的梦幻宫殿，奇迹在平凡中惊现。那些石头如果依旧散落在原野上，也仅仅是让人熟视无睹的石头，然而现在，它们化作矗立的城堡，让人以为走进了儿时的梦中。

法国一家报社的记者无意间发现了这座空前绝后的城堡——准确一点说，不止是一座，而是许多座错落有致的城堡，像是一枚枚巨大瑰丽的戒指，或者是来自外太空的神秘礼物。

记者被邮递员的创意和毅力所折服，触摸着一块块不同凡响的石头，他被邮递员的梦想感动得热泪盈眶。

记者报道后，许多人慕名前来。小路渐渐拓宽，越来越多的人看到了矗立在邮递员偏僻寂寞的住所旁边的一座座以往只有在童话中才能想象到的城堡。

这并非一个虚构的故事。这位乡村邮递员名叫薛瓦勒，那些城堡已经成为法国著名的旅游景点，它的名字叫作"邮递员薛瓦勒之理想宫"。在城堡入口处的石头上，镌刻着一行耐人寻味的文字："我想知道一块有了梦想的石头能走多远。"平凡而伟大的乡村邮递员薛瓦勒用他自己的实际行动给了我们最动人、最有力的回答。

/第四章/

跳一场华丽的独舞

生命里，注定要独守一段旅程，在喧嚣中静静轮回。孤独时，不妨卸下所有的伪装，抛却所有的浮华，不因贪婪而倾斜，不因危难而逃避，跳出华美的独舞。

# 爱在等待

人的本性里有隐藏自己的欲望，有的时候不只是羞于见人的我们不想让人看见，甚至是一些美好的情感，我们也宁愿将它埋在心底，像把新酿的美酒放在墙角里一般让其慢慢沉淀。坚守着自己内心的执着也就意味着必须忍受美丽的寂寞，是的，美丽的寂寞，因为那寂寞里有爱在等待。

1939 年，艾伯特和丽达刚结婚不久，第二次世界大战就全面爆发了，法西斯军队开始向世界各地入侵。整个世界都被战火和硝烟笼罩。军队开始大量地征兵，年龄在 16~65 岁之间符合条件者都要参军。艾伯特和丽达幸福的新婚生活被打破了。

离别的日子终究还是来了，丽达眼泪汪汪地拉着艾伯特的手，不肯放开。"我一定会回来的，等着我，我们还要一起看日落……"艾伯特说完狠心地拨开丽达抓得死死的手，头也不回地随军队去了。丽达一直站在那里，手上还残留着艾伯特掌心的温度，军队却渐渐消失在寂静与空旷的地平线上。其实艾伯特不知道，丽达那时已经有了孩子，他不懂得丽达心中的恐惧。丽达一直站到天黑才回家，耳边不停回响着艾伯特离开时说的话"我一定会回来的，等着我……"

战火在全世界蔓延。人们每天都过着提心吊胆的日子，丽达不愿意回娘家，一直待在和艾伯特结婚时的屋子里，任别人怎么劝，也执拗地不肯离开。

第二年，丽达生下一个男孩。那时在丽达所住的小镇上，几乎所有的人都逃亡到别的地方去了，丽达还是坚守在那里。终于艾伯特寄了一封信回来："丽达，我现在还在前线，照目前的情形看，战争是一时半会儿不会结束的，所以我还不能回去。但是我一定会回去的，相信我！因为我知道你还在家里等我……我很好，不要担心，现在外面除了炮弹爆炸的声音，还有各种动物的叫声，我一直想象着你在我身边陪着我的场景。丽达，等着我……"丽达小心翼翼地把信收好，闭上眼睛，她似乎听到艾伯特就在她的耳边轻轻地诉说着思念。

虽然街上几乎已经没有商店开门，丽达还是每天都要上街，因为她需要找到一些吃的来喂饱自己的孩子。丽达最开心的事就是收到艾伯特的来信，虽然每次都只有只言片语，但对于她来说，这就是世界上最大的幸福。丽达把每一封信都放在别人碰不到的地方，压得平平整整。如果长时间没有收到艾伯特的来信，她就会坐立不安，晚上在昏黄的灯光下，一遍一遍地阅读艾伯特之前寄来的信。

1945年，第二次世界大战结束，世界终于恢复了和平。小镇上的人们又回来了，宁静的小镇又恢复了往昔的热闹。但从这时起，丽达再也没有收到艾伯特的来信，然而丽达依然满怀希望，因为她始终相信艾伯特说过的话，无论世界怎样变化，她始终相信艾伯特已经在回家的路上。

丽达那时27岁，虽然带着孩子，但这并没有影响丽达的魅力，仍然不时有优秀的小伙子追求她。朋友们都劝她，趁着年轻赶快再找一个，甚至父母也经常在她耳边唠叨。但她总是坚决地摇头拒绝，因为她相信，艾伯特会回来的。丽达一个人带着孩子每天早出晚归，在饭馆刷盘子、帮别人做衣服，每天只有5个小时的休息时间，尤其是孩子马上就要上学，花费会更多。艾伯特依然没有寄信回来，虽然丽达已经做好了最坏的打算，但她的心中仍存期盼，她告诉自己：没有消息就是好消息。丽达经常会站到艾伯特离开的那条路上，默默地望着远方，一个人静静地流泪。晚上拿出艾伯特以前寄回来的信，一遍又一遍地看，一遍又一遍地读，不知疲倦。

就这样20年过去了，艾伯特仍然没有回来。丽达46岁了，孩子也已经19岁，他们不得不搬离了丽达一直在等待艾伯特归来的小镇，因为一场前所未有的瘟疫突然袭来。但丽达始终是不舍，站在自家的门前，左看右看，眼睛里泛着泪花。她在窗户下压了一封信，上面写着："艾伯特，如果你看到这封信，一定要等我，不要离开，因为这是我们的家。我只是暂时离开，我会回来。我不敢想象，你回到家却看不到我的情形，所以一定要等我回来。"

丽达和孩子来到千里之外的一个城市，直到这场要命的瘟疫结束。多年之后，孩子已经成家立业，在这个城市也有了很好的发展。丽达每天也只是很悠闲地生活，但她内心一直想离开这里，她想回到自己和艾伯特的家。

60岁的时候，丽达忽然患病，卧床不起。孩子经不住她的再三请求，最终圆了丽达的心愿：把她送回和艾伯特一起生活的家。路途的颠簸使丽达的身体越来越差，但她的眼睛却闪闪发亮。到达的时候，发现屋门竟然敞开着，孩子以为是哪个流浪汉住在里面。但丽达坚决摇头，让孩子去看窗户下的信。信果然不见了，丽达颤巍巍地站起来，踉踉跄跄地走进屋。屋里还保持着离开时的样子，没有丝毫的改变，唯一不同的是壁炉旁的躺椅上坐着一个人。望着那个无数次梦中萦绕的背影，丽达的心突然狂跳起来。那人转过身慢慢地站起来，一张布满皱纹的脸上绽开了笑容，是艾伯特！"丽达，我回来了。"他们拥抱在一起，久久不肯分开。

原来，战争结束之后，艾伯特被遣送到别的国家，当地的政府没收了他的所有证件。直到3年前他才获得自由。可回来后他发现，家里已经没有人了。他看到了那封信，就一直在这里等。丽达躺在病床上，呼吸微弱但是安宁，艾伯特握着她的手，向她讲述自己这么多年的经历。丽达静静地望着等候了半生的丈夫，眼神中满是温柔。

一周后，丽达去世了。艾伯特始终握着她的手，一如当初两个人新婚时的幸福时光。没过多久，艾伯特也随丽达而去，他们终于永远地在一起了。

# 孤独的自由

1900年的第一天，一艘游轮的甲板上突然传出一声大喊："America！"接着甲板上所有的人都面对着薄雾里巨大的自由女神像欢呼起来，因为纽约那个充满财富与梦想的地方就在眼前。船一靠岸，乘客都匆匆地沿着扶梯走下去，一个锅炉工便偷偷跑到餐厅搜罗客人的遗落物品，结果只在桌子下面找到一块手帕和几根未抽过的香烟。但此时，他在一架钢琴上发现了一个纸箱，打开一看，箱子里竟然是一个婴儿。锅炉工收养了这个婴儿，并给他起名叫1900。

船上的工人都非常喜欢这个婴儿，锅炉工也非常疼爱1900，并且他还教他认字读书。但是，因为1900没有任何身份证明，锅炉工不许他离开船舱一步。有一次，1900问："什么是妈妈？"锅炉工告诉他："妈妈就是总是能帮你赢得比赛的赛马。"后来，锅炉工在给锅炉装煤的时候出事故死了，只有七八岁的1900不懂什么是死亡和离别，当他独自流泪的时候，突然听到一阵美妙的乐声，旁边一个善良的东方女人告诉他，那是音乐。

几天后，1900在夜间偷偷地溜进餐厅，来到白天透过玻璃门看别人演奏的钢琴前，弹起自己即兴发挥的曲子。琴声吵醒了船上的乘客，他们都起来想看个究竟，却在这天籁般的音乐中逐渐沉迷。1900从此便迷上了钢琴，因为通过弹动琴键，他可以把心中的感情表达出来。他的寂寞、他的痛苦、他的快乐……只有声音才是他与这个世界最直接、最敏锐的沟通途径。

几年之后，1900成了该艘游轮上的钢琴师，他弹奏的曲子总是能让听众们忘乎所以。虽然他从未下过船，却早已声名远扬。在一个暴风雨的夜晚，他遇到了刚上船因为晕船而抱着花盆大吐特吐的马科斯，两个人十分投缘。从此，马科斯成了他一生的知己。马科斯十分欣赏他的音乐才华，他希望1900能走下船去向更多的人展示自己的才华，得到世人的认可，并从而名利双收，过上好的生活。他不懂1900为什么如此执着地待在船上，但陆地对1900而言，实在是太遥远了，他对陆地充满着矛盾，他不知道自己该以什么样的眼光来看待它。况且他对世人所狂热追求的某些东西无法理解。

1900出色的钢琴技艺终于使唱片公司找上门来，他们希望能为他录制唱片，并承诺为他赚很多的钱。但1900内心依然平静，安于生活和音乐带给自己的快乐。有一天，他在录制唱片的时候，顺着窗子看见一个女孩正站在船舷上看海，那一瞬间，他便深深地爱上了她，接着自然而然地在钢琴上弹奏出一首深情的曲子。他拒绝把这首曲子交给唱片公司发行，因为这是他给自己深爱的人创作的。在一个大雨瓢泼的日子，1900鼓起勇气想把录制了那首曲子的唱片交给女孩，但他最终没有说出来。女孩下船了，1900被思念折磨着，他感到很痛苦。马科斯的劝说和对爱情生活的憧憬打动了他，他最终决定下船，去追寻自己的爱情。那天所有的船员都和他挥手告别，他穿着马科斯送给他的大衣，缓慢地走下舷梯。在舷梯中间，他茫然地凝视了一阵没有尽头的城市，突然摘下头上的礼帽抛向远方，然后坚定地转过身，返回了轮船。他对马科斯说："此生再也不下船。"

多年之后，这艘已经老旧残破的游轮即将被炸毁拆除，马科斯又回到这艘船上疯狂地寻找1900，因为他坚信1900还在上面。最终马科斯在破旧的船舱里找到了他，试图说服他下船。

"我需要看见世界的尽头，但是这个城市让我看不到终点。拿钢琴来说，键盘有始也有终，并不是无限的，而音乐是无限的。在有限的琴键上，奏出无限的音乐，是我所擅长的。可是走下跳板，那个都市像一架硕大无比的钢琴，有无数的琴键。无限大的键盘怎奏得出音乐？我生于船，长于船。这艘船每次只载客2000人，既载人也载梦想，但范围离不开船头与船尾之间，我过惯了那样的日子。对我来说，陆地是艘太大的船，是条太长的航程，是瓶太浓的香水，是一位太美的美女，是一篇无从弹奏的乐章。我宁可舍弃自己的生命也无法舍弃这条船。反正，世界上除了你没有人知道我，只有你知道我在这里。原谅我，朋友，我不能下船。"

1900执意不肯下船，外面的世界太大，他找不到这个陌生的世界的起点和终点，这使他茫然而惶恐，他宁愿自己一个人待在船上，因为这艘船就是他的世界。最终，马科斯亲眼看着1900和巨大的游轮在一片火光中轰然粉碎。

这是一部电影，它以如此优美浪漫而又忧伤的曲调为我们讲述了一个关于自由与人生的动人故事，1900一生寂寞，独与钢琴相伴，但也正因为此，他才找到了自己真正的价值。演奏的时候，无论他的身边有多少人，他始终都是一个人存在着，他在自己的世界里自由地行走。没有爱情，但是有"爱人"；没有名利，但是有自由——寂寞就是他唯一的自由。

## 东方有一生所爱

清晨,在美国一家敬老院里,一位老人坐在墙边的长条凳上,静静地注视着太阳升起的地方。老人是一位身价亿万的美籍华人,然而令很多人不解的是,这位老人竟一辈子没有结婚。三天前,他把所有的家产都捐给了慈善机构,独自一人住进了这里。

"怎么样,李,住得还习惯吗?"

老人听见有人叫自己,忙回过神来,是敬老院的院长约翰。约翰为人十分和善,比老人小几岁。

"还行。像我这个年龄,对外在的环境还能有什么要求呢?"

"李,咱们能聊聊吗?"约翰在老人旁边坐下来。

"当然。"老人爽快地答道。

"李,我一直不明白,你从中国来到美国,事业做得那么成功,而且这么多年,就一直没有遇到一个让你心动的女子吗?为什么到现在仍是单身一人呢?"

老人想了想,说:"约翰,很多人都问过我同样的问题,我一直都没有具体回答过。如果你愿意听一个很长的故事,现在我可以告诉你原因。"

"当然。"约翰来这家敬老院已经有 30 年了,也到了快退休的年龄。他很喜欢在敬老院里工作,因为这里的每位老人都有一段不同寻常的故事。自从老人来后,约翰一直在关注他,发现他每天清晨都喜欢一个人独自坐在长条凳上，静静地注视着东方，约翰猜到老人应该有一段难以忘怀的过往。

"这个故事还要从37年前说起……"老人开始缓缓地开口了。

"那时，我大学刚毕业，当时的大学生在中国是十分受欢迎的，毕业后我和我的同学都相继分配了工作。但我并不满意分配给我的工作，最终我冲破重重阻挠，独自一人来到美国，开始了自己的创业生涯。"老人眼睛里闪着光，仿佛又回到了37年前。

"但是我来到美国之后才发现美国并非如我想象得那么美好。刚开始时一切都不怎么顺利，我卖过保险，甚至还做过墓地的推销员，几乎所有能挣钱的行业我都干过，但都失败了，最后我几乎身无分文。回国已不太现实，所以我选择了坚持。后来一次偶然的机会，我去电影拍摄现场做群众演员，认识了一位叫兰的女孩子，那时我已经在美国待了12个年头了。兰刚来美国不久，她十分聪明，也很会照顾人，更重要的是，她也是中国人，和我一样都来自上海。我在美国的这些年，几乎没什么朋友，所以一见到兰我就感到特别亲切，甚至有种一见钟情的感觉。于是我就找机会和她接近，但是，兰总躲着我。后来，我问她为什么总躲着我时，她说我这个人给人的感觉太不踏实、太不安分。听完兰的话，我决定改变，努力让自己安分、踏实起来，只是为了赢得兰的好感。"

"后来，你们没走到一起吗？"约翰忍不住问道。

"走到一起的话，我就不是今天这个样子了。"老人笑了笑，然后继续说下去。

"后来，我和朋友合开了一家旅行社，专门接待外国团队。当时旅行社的生意不错，于是我就邀请兰加入，她当时并没有马上答应我，只是表示愿意考虑一下。第三天，兰给我打了电话，说她和我一起干。我当然求之不得，这样我们也就有了更多相处和了解的机会。兰工作很勤奋，也很认真。在我们的共同努力下，旅行社的生意越做越火。我和兰的感情也越来越好，我们经常一起出去逛街、看电影，俨然一对情侣，只是对于我的表白，兰始终没有给我一个明确的答复。

"兰很单纯，也很懂事，跟她在一起，我从没感觉过累。一次，在给兰过生日时，我的苦苦追求终于打动了她，她答应和我交往。当时的我幸福得快要晕眩了，感觉拥有了兰，就是拥有了全世界，所以我只想和她好好恋爱、结婚、生子。但是天有不测风云，一次我们在带团旅游的过程中，出了事故，致使游客一死两伤，几年的努力付诸东流，我们一夜之间倾家荡产。

"这场意外，使我们的感情第一次遭遇了危机。我又重新回到一贫如洗的状态，兰跟着我只有吃苦的分。所以我借钱为兰买了张机票，送她回国，并答应她等我这边有了起色后，再接她回来。可是兰说什么也不肯回去，她说她会陪我一辈子，不管是贫穷还是富有。兰的话让我深受感动，可是让心爱的女人跟着我受罪，我真的做不到。"

"李，你是对的，在那样的情况下，相信每个男人都会做出那样的选择。那后来呢，她真的走了吗？"约翰看着老人的眼角流出了眼泪，连忙安慰道。

"当时兰虽有一百个不愿意，但还是被我强行送到了机场。当看着她走进登机口时，我的心都快碎了，因为我不知道这一别我们何时才能相见。如果我的事业一直不见起色，或许我们就再也不能重逢。约翰，你能体会到把自己最爱的人从身边送走却不知何时才能相见的那种痛苦吗？"

约翰的眼睛有点儿湿润了，但是他不知该说些什么来安慰老人，只好拍拍老人的肩膀。

老人伸出手抹去顺着脸庞滚落的泪滴，接着说："兰走了，我没有过多的时间去品味伤痛，因为要马上投入到下一轮的拼搏中。我明白只有尽快在美国闯出自己的一片天地，我和兰才能早日相见。我把对兰的思念埋在心底，开始四处寻找机会。然而兰走后，就再也没有音讯。我给她写了无数封信，可都没有任何回音。当时的我精神几乎到了崩溃的边缘，难道是飞机出事故了？可当我去查时发现飞机早已按预定的时间安全到达了上海。难道是她搬家了？可搬家也应通知我呀……我把所有能想到的情况几乎都想了一遍，可依旧不知道发生了什么。当然还有一种我最不愿去想，也最不愿相信的情况，那就是兰交上了另外的男朋友。虽然我不愿去相信，可唯一能讲得通的就是这一种情况了。失去兰的消息的那一年里，我曾想回上海找她，可当时以我的经济情况，见了又能怎样呢？能给她一个安稳的家吗？最后只好作罢。那一年内，兰的消失、事业的失利，种种的挫折几乎把我击垮了，我的人生陷入前所未有的黑暗。"

"难道你们就这样结束了吗？"约翰又忍不住开口问道。听了约翰的话，老人的脸上竟露出了一丝笑容。

"在兰消失了两年后，一次，我开车去参加一个朋友的生日宴会，由于时间赶得太急，我一不小心撞上了一辆红色的跑车。我顾不上对方的责备，只顾着看自己的车有没有撞坏，因为车是从一个朋友那儿临时借来的。可突然间我感到对方的声音极其熟悉，我连忙抬起头，看了一眼我就彻底呆住了。"

"难道你看到的是兰？"约翰也激动起来。

"不错，就是兰。兰也显得很惊讶。我们去了附近的一家餐厅，刚一入座，还没来得及说别的，我就责备兰为何两年来都不和我联系，问她什么时候回来的，怎么不来找我。兰静静地听我说完，好像早料到我会问这些问题，不慌不忙地对我说她根本就没离开过美国。"

"这怎么可能，到底是怎么回事？"约翰听老人这么说，不由得一脸震惊地张大了嘴巴。

老人看了一眼约翰说："我当时和你是一样的表情。兰告诉我，在临登机时，她又反悔了，她没有走，但也没有来找我，因为她知道我自尊心太强，于是就在离我不远的地方找了一份清洁工的工作，后来慢慢地有了些积蓄，就自己办了一个中文培训班，没想到的是，培训班竟然逐步壮大了，现在已经小有规模。她之所以一直不来找我，是因为她看到我的事业一直没什么起色，不想刺激我。想等到一个合适的时间，给我个惊喜。但没想到今天遇上了。兰是对的，我的自尊心是太强了，虽然我一直都很想她，但我绝对不希望她看到我一事无成的样子。如果兰来找我，可能真会刺激到我。"

"你们既然重逢了，难道没有在一起吗？"约翰更加搞不明白了。

听完这话，老人的脸上闪过一片哀伤，他沉默了片刻，然后抬起头继续说道："当时听了兰的话，我的内心充满了感动。在这个世界上，或许只有兰能如此懂我，如此顾及我的感受。我甚至想立刻与她举行婚礼，因为我害怕哪天她真的会从我的世界消失。可是当时的我连个固定的住处都没有，又有什么资格娶她呢？我让她再等我两年，两年后不管怎样，我们都结婚。兰没有说什么，只是叹了口气点点头。然而世事总是变化无常，没过多久，上海传来消息，她父亲病危，兰必须马上赶回去。我执意要陪她回去，可兰却没有答应，因为当时我手头的事业刚有点起色。于是我再次把兰送到了机场，可这次她是真的走了，而且一走就再也没有回来。"

约翰更惊讶了："为什么呢？你们有情人马上就能终成眷属了呀！"

"兰回到家，并未赶上见她父亲最后一面，留给她的只有父亲的一纸遗书。因为兰是独女，兰的父亲希望她能留在上海继承他的事业，而且还希望她能和一个和兰一起长大的男孩成亲，那个男孩和兰青梅竹马，深得兰父母的喜欢，而且现在已经事业有成，更难得的是他一直深爱着兰，一直未娶。这一切来得都太突然，我和兰都不知所措。一边是自己的父亲，一边是自己的爱人，这样的选择对于任何人来说都是残酷的。挣扎了很久，我决定不让兰这么痛苦，于是半个月后，我对兰谎称，一个富人小姐看上了我，并且答应帮助我成就一番事业，我告诉兰不要再来了。兰怎么也不肯相信，后来，我给她寄去了我和那位小姐的婚纱照后，兰终于不再说什么了。其实那位小姐是我花钱雇来的，但是我们真的是无可挽回了，从此，兰再无音讯。"

"李，我感觉……"约翰想说什么，但老人打断了他。

"约翰，你是不是想说，我这样做有点不对。其实你不知道，兰是个很孝顺的女儿，就算我们抛开一切在一起了，她也会内疚一辈子的，我不希望她这样。虽然不和我在一起，她肯定也会伤心，但我相信那都是暂时的，我相信男孩一定会好好爱她，她慢慢就会把我忘了。"

"那你以后就再也没有恋爱吗？"约翰叹了一口气问道。

"有，在我们分手后，为了不去想兰，我把自己的所有精力都放在事业上，后来终于成功了。之后由于家人的催促，我也陆续谈过几个，虽然她们的条件都不错，可是我再也找不到最初见到兰时的那种感觉。我一直坚守宁缺毋滥的原则，如果找不到一个像兰一样的女孩子，我宁愿单身一辈子。也许这是上天对我的一种惩罚吧，最终我再也没有找到。虽然一直都很寂寞，但因为这寂寞有我对于兰的记忆，所以我并不觉得难过。"

约翰终于明白，为什么老人总是喜欢注视着东方，因为那里有他一生所爱。

## 缘的线

　　走过这世间，其实就好像是乘一叶乌篷船，有人登船，有人上岸，但是时间的河水永远都不会停留一分半点。错过的人就像是船舷边一闪而过的浮萍，只能说是无缘。无须感叹，眼睛始终向着船头，或许艄公用竹篙轻轻一点，水里那模糊的梦就会清晰浮现……

　　同学突然打来电话说要结婚了，让依梦去做伴娘，"你不是和你男朋友分手了吗？"依梦很纳闷地问。"不是和那个人。"只听同学在电话那头轻叹了一口气。依梦才明白，此人非彼人。放下电话，依梦不由得回忆起她们年轻的时候。那时同学在学校可以算得上是万众瞩目，人长得漂亮，学习又好，众多的男生趋之若鹜，无数的女生眼红忌妒。但是谁都没有想到的是，在众多的追求者中，她选了一个其貌不扬的人做男朋友。很多人都替她惋惜，说一朵鲜花插在了牛粪上，但她始终坚持自己的选择。

　　婚礼当天，依梦看到了新郎，果然是一表人才，谈吐不凡，在座的所有人都说同学找了一个好老公。同学走到依梦身旁，向新郎介绍说："这是依梦，我上学时最好的朋友。"新郎笑着伸出手，依梦笑笑。

　　宴会过半，依梦和同学坐在角落里休息，两人各自谈起目前的生活，以及上学时的一些事情。说到从前，同学似有无限的感慨。

　　依梦就问她："怎么一回来就要结婚，让人都反应不过来？"同学叹了一口气，说："我也知道很突然，说实话，连我自己也惊讶于这样的决定。但我是真的看开了。"

依梦不知道是什么促使她做这样的决定，但是很好奇这之前发生过一些什么样的事情。

"你以前的男友呢？"依梦问。

"他已经跟别人结婚了，"她有些释然地笑笑，"我近来才觉得自己真的好傻，当初真是鬼迷心窍了，才会那样坚持与他交往。"依梦知道同学口中的"他"是同学以前的男朋友。同学停了一下，仿佛又记起了从前的事，然后转过头看着依梦说，"上学的时候，我一直认为有了爱情就有了一切，所以当时我一味地活在自己的幻想里，不接受任何人。后来遇见了他，不知道是哪里吸引了我，只是突然觉得世界上就只有他才是最适合自己的。我知道当时很多人都说我们不合适，但是爱就爱了，什么也改变不了。甚至带他一起回家，跟父母说，这就是我要嫁的人。父母无论如何都不同意，把我关在家里，不让我出门见他。我是铁了心地要和他在一起，绝食反抗，直到父母实在是劝不回我的心了，才放我出去，以后我便再也回不了家。现在想起来，真的不知道自己当时到底是怎么了。"

依梦笑着说："人们不是常说，恋爱中的女人是傻瓜嘛。"同学苦笑一下，说："或许是真的。后来我跟着他一起去了南方，想要混出点名堂来向父母证明自己的选择是对的。住地下室，吃方便面，每天早出晚归。我不知道自己当时是怎么熬过来的，只是觉得两个人在一起就是最大的幸福。就这样苦熬了几年，他升职了，单位分了一套房子给他，日子总算好过了些。我辞了工作，全心全意地做起了家庭主妇。每天就在家做饭洗衣，看看电视、逛逛街，我想只要在他身边，做什么都好。殊不知，女人一旦开始依靠男人，不再独立，就是自己悲剧的开始。他的应酬越来越多，经常都是一身酒味地回来倒头就睡。而且在事业上，他遇到什么困难，我也帮不了他。我们之间的分歧越来越大，从抱怨彼此慢慢发展到吵架，然后就是冷战，后来他干脆就不回家了。孤单寂寞的时候，没有人陪在身边，这是最痛苦的。我一次又一次地妥协，我觉得自己离不开他。直到最后，我发现他竟然在外面有别的女人，我再也忍受不了了，一气之下就回来了。但是我仍旧不死心，还每天盼望着他会来哄我回去，可是最后等到的却是他结婚的消息，我真的心灰意冷了。你不会了解那一段时间我是怎么熬过来的，我甚至都想过出家来结一生。"

依梦很震惊，怎么也没有想到她竟然会有出家的念头。她说："那一天，我来到寺庙里，把自己的痛苦讲给一位大师听，他笑了笑，取下自己手腕上的念珠，扔到地上。我不解，于是他捡起来，一用力将整串念珠扯断了，珠子滚向各个方向。他说，'当它们在一起的时候，为何不能自由，因为一直有一根线将它们穿在一起，一旦这根线断了，它们便四散而开。线断，缘灭，如此而已。'我豁然开朗，原来这个世界上的所有人都是作为独立的个体而存在，有缘就靠在一起，缘尽了就告别离开。生活不会因为少了谁而停止，地球也不会因为少了谁而停转。"

同学说完站了起来，笑着走向正在不远处向她招手的新郎。

## 一场寂寞而华丽的独舞

在人的一生里，寂寞总是时刻相随。得意时，它清凉你浮躁火热的心，提醒你行到高处需更谨慎；失意时，它安慰你受伤的灵魂，鼓励你从头再来，不要放弃。在寂寞里放开你的心，你就会发现真正的自己。

姐妹俩是一对双胞胎，长着一样的眉眼，穿着一样的花裙。但是从小她就不是一个讨人喜欢的孩子，而妹妹温顺、乖巧，很会讨大人的欢心。于是她便忌妒妹妹，只要是妹妹喜欢的，即使她不喜欢，她也一定要争。这样的性格，吓跑了所有的小朋友，没有人喜欢和她一起玩，她的整个童年几乎没有什么伙伴。

姐妹俩从小学芭蕾，妹妹已得了不少舞蹈奖项。每当看到妹妹在辉煌绚丽的舞台上表演，得到无数的荣誉和赞美时，站在台下的她都会感到自己被人冷落的寂寞。她不甘心，于是拼命地练习，白天从不休息，到了晚上别人都进入梦乡的时候，她还在不停地跳着，如同着了魔般疯狂地变换着舞步。她终于超过了妹妹，成为众人瞩目的焦点。她满眼兴奋，得意扬扬地看着台下的妹妹。

她如一个骄傲的公主一样尽情享受着鲜花和赞美，她在一个又一个城市之间奔波，在辉煌而绚丽的舞台上和着流转的乐曲忘我地舞着，赢得了万千宠爱和掌声，她如同穿上了童话中的红舞鞋，永不知疲倦。在她的光芒掩盖下，妹妹不再被人关注，于是妹妹放弃了属于一个人的舞台，改跳双人芭蕾。

从此，她依旧辗转于各个不同的城市，登临大大小小但都光彩绚丽的舞台，一个人旋转跳跃。但是渐渐地，她不再为众人的掌声而激动兴奋，有时候甚至觉得自己只是站在舞台上为博众人一笑的小丑。离开了舞台，她竟没有一个可以说说心里话的人。所有的一切都要一个人去面对，一个人排练，每当深夜独舞，她看着映在地上或墙上那孤寂的影子，她便感受到一种无法解脱的寂寞。这时，她开始希望像妹妹一样可以在舞台上有一个伴，于是，她毫不犹豫地奔向了妹妹所在的那座城市。

但是，因为她已是广为人知的舞蹈家，盛名之下，居然没有一个人愿意和她搭伴，不是因为自知舞技与她相差太远，就是因为自己多年来有固定而默契的舞伴。她不甘心永远都这样做一个寂寞的舞者，于是她找到了妹妹，以亲情之名逼妹妹把舞伴让给她，妹妹用尽办法终于说服了舞伴，最终满足了姐姐的请求。

听闻这位年轻的女舞蹈家第一次跳双人舞，无数人争先恐后地涌进剧院观看。但是当她站在舞台上时，她却有些后悔了。只是草草排练了几次，她和他并没有太多默契，看着台下翘首企盼的观众，她第一次感觉到了压抑，而这种压抑则一点一点慢慢转化为深深的恐惧。她脑子里忽然浮现出一句话："高处不胜寒。"这时，她才明白原来人一旦达到了一定的高度，就再也无法后退。只能一直向前走下去，否则可能会一无所有。如果这次她的双人舞首秀失败，对她来说将会是一场灾难。

幸运的是，临近他们上场，那个男舞者因为一点小意外没能上场，在主持人的解释下，她依然为观众表演了她最拿手的单人舞。那夜，她忘情的舞蹈得到了全场观众最热烈的掌声，大家都说她似乎是用生命在跳舞。她依然是一个人在偌大的舞台上寂寞地独舞，但是她想了很多，她想到自己选择舞台的缘由，那时只不过是希望借此得到更多的爱和关注，以安抚害怕寂寞的内心，可是，当她得到了所有人关注的目光和热烈的掌声后，才发现这些东西原来也只不过是带来了绚丽的表象，这些东西离自己很近，但自己却感觉不到。她依然寂寞、依然孤独。直到此时此刻她才明白，原来自己真正需要的并不是全世界的掌声，而是来自亲人的爱和温情。

那一场寂寞而华丽的独舞，让她明白了人生真正的意义，也成了她表演生涯的绝响。从此她离开了舞台，选择做了一名舞蹈教练。她和妹妹和好如初，并且找到了属于自己的爱情。有的时候，在舞蹈教室里她依然独舞，但是她不再寂寞，因为有亲人在身旁鼓掌，还有她最爱的人欣赏，他愿意陪她舞到地老天荒。

## 一曲华尔兹

爱情永远都是一个谜，它总是在重重迷雾里让人看不清楚却又欲罢不能。但是千万不要以为爱情只能是天长地久的厮守，有的时候也许只是那么一刹那的闪光，你会发现它已经来过了。为了这一瞬间的感动，有的人愿意在寂寞里守候一生。

1918年的夏天，他以一名战地记者的身份来到了战火纷飞的意大利前线。那时候，他不过是个不满18岁的小伙子，脑袋里充满了火热的理想抱负。

在一次空袭中，他的一条腿意外地受了很严重的伤。从昏迷中醒来，他第一眼看到的就是她那双清澈迷人的大眼睛。那一瞬间，他甚至忘记腿上的疼痛，竟然咧开嘴笑了："我爱你！"虽然他自己也不太清楚那句话里到底有多少爱的成分。她温和地瞪了他一眼，用棉球蘸着消毒水，轻轻地帮他清洗腿上的伤口。那时的他在她的眼里，不过是一个英俊而又稚气未脱的大男孩。

由于伤口化脓感染，他的那条腿坏疽了。当时是在战场上，医疗条件有限，主治医生主张将那条腿锯掉。她极力反对，她说那样对他来说也太残忍了，他还那么年轻，不能就此永远失去一条腿。

在她的坚持下，医生妥协了，但是她每隔两小时就要帮他把伤口用药水清洗一次。幸运的是，一周以后，他竟然奇迹般地恢复了。当他拄着拐杖在战地医院的营房外来回走动的时候，她高兴地对他说："小伙子，这下不用担心回到家乡不能与你喜欢的女孩儿跳舞了。"

如今见到她，他却害羞地涨红了脸，认真地回答道："如果有可能的话，我只希望能和你跳。"如此火热的表白她自然听得懂，可她知道，他们是不可能有结果的。他比她整整小8岁，在她看来，这只不过是这个毛头小子一时的头脑发热罢了。他却固执地一次一次去找她，丝毫不掩饰自己炽热的感情。

她临时被调往另一所战地医院时，因为走得太匆忙，连告别都没来得及，只匆匆忙忙给他留了一封信，信封里还夹着一枚她从手上摘下来的戒指。但是不久之后的一天下午，他却拄着拐杖突然出现在她的面前。那一刻，彼此的眼里都有太多的惊喜。"我要回国了，明天早晨六点钟的火车。我在火车站旁的那家旅馆里等你。"同样是临时调令，只不过他的任务却是离开。

简陋的小屋此时却成了爱情的天堂。屋子里响起美丽动人的华尔兹。她光着脚丫踩在他大大的脚板上，相拥相吻。他的脚步笨拙，有些尴尬地红了脸："我不会跳舞。"回应他的是一阵热烈的吻："谁说你不会跳。"那个夜晚，那曲美妙的华尔兹让他们终生难忘。

黎明，一阵长长的火车汽笛将他和她载向不同的方向。她留在战火纷飞的意大利，他回大洋彼岸的美国去。"说，你爱我！快说，你爱我！"他从车窗里伸出脑袋，孩子气地向她大喊。风卷起他的话，吹散在广袤的原野上。

她怔怔地看着渐渐远去的火车，却始终没能如他所愿，大声而勇敢地说一句"我爱你"。那句话在她嘴边徘徊了良久，还是被她和着眼泪，狠狠地咽了回去。她爱他，却不想成为他的羁绊。

回国后，他一封接着一封地给她写信，叮嘱她在意大利要好好照顾自己。他绘声绘色地向她描述他们将来在美国的小家：美丽的华伦湖湖畔，有一栋老式的房子，你是里面的女主人，把客厅里的矮桌擦得锃亮。我在湖畔钓鱼，修理铆钉松动的船舷……但是她的回复却越来越少。在意大利有她的事业，有一个支持她的男人一直在热烈地追求她。事业和爱情面前，她权衡再三，还是决定放弃后者。

守在华伦湖湖畔的他，日日酗酒，日子过得一塌糊涂。他无论如何也想不明白，她曾经那么热烈地爱着他，为什么在幸福唾手可得的时候却决然地转身。

觥筹交错的订婚宴会上，大厅里响起一曲华尔兹，身边的男子拥着她滑进舞池。听着这动人的乐曲，她不由得想起那个浪漫的夜晚，想起那个人，她的心蓦然疼痛得厉害。她终于明白，那份爱已深入骨髓了。她不声不响地逃离，匆匆收拾了行装，去寻找那个美丽华伦湖畔的老房子。她要对他说出那一句错过许久的"我爱你"。但是再次相见，却已是沧海桑田。"尽管现在我还是那么渴望拥抱你，可我已做不到了。我们再也回不去了……"她满面的泪痕，但他却无法再向她敞开自己热情的怀抱。

华伦湖一别，他们再没有相见。那个笑容灿烂、有几分腼腆害羞、又勇敢热烈的男孩从此竟然变成一个世人眼里桀骜孤僻的硬汉。他经历了四次婚姻，却还是在 62 岁那年用一杆猎枪结束了自己的生命。

他就是海明威，1954 年凭借小说《老人与海》成为诺贝尔文学奖获得者。而她就是那个让他一生无法忘怀的爱格妮·考茨基。她 36 岁才结婚，92 岁逝世，一直在红十字会从事护理事业，曾获国际护士最高荣誉南丁格尔奖。"我生命里的七十年，其实是与他紧紧相连的，尽管我们再也未曾见面。在这七十年里，我一直在想，假如在华伦湖边，他能够抱一抱我，或许，我们的命运就是另外一种样子。可是，世界上永远都没有可以假如的事情。"

在那段浪漫的华尔兹里相爱的两个人，终究各奔东西，终生无缘再见。

/ 第五章 /

与世界温柔相拥

我们都愿与这个世界温柔相拥，不流于世俗，不附庸风雅，只是安于本分地淡泊随行，在灵魂深处，辟一块净土，守住心中的真淳，不跟风、不虚妄、不纠结，为自己寻得喧闹过后的沉静，迷失后的寄放。

## 忙着活，还是忙着死

只有充满希望、永不放弃的眼睛，才能看得见奇迹的发生。在逆境里，我们要做的不是灰心丧气、怨天尤人，而是张开你希望的双眼，寻找通往幸福的出路。

"有些鸟是注定不会被关在笼子里的，因为它们的每一片羽毛都闪耀着自由的光辉。"电影《肖申克的救赎》中的主人公安迪越狱成功后，他在狱中的朋友兰德感叹道。

安迪曾是一个银行家，由于被律师陷害，以杀妻罪被关进了肖申克监狱。刚开始时，沉默寡言的安迪与其他囚犯格格不入，后来他和一个叫兰德的人成为了朋友。

一次安迪在劳动时，无意间听到监狱看守在讲有关上税的事。安迪运用自己之前在银行工作时的专业知识使监狱看守合法地免去了一大笔税金。作为交换，他为十几个犯人朋友每人争取到了两瓶啤酒。那一刻，他的朋友们横七竖八地坐在一起，每个人都面带微笑地喝着安迪靠智慧得来的啤酒，望着天边的夕阳。兰德说这么多年来他们第一次有了自由的感觉。安迪自入狱以来第一次露出了笑容。是的，是安迪给他们这些早已被"体制化"的囚犯又带去了自由的感觉，让他们重新感受到了自由的希望。

监狱的生活是令人窒息的，囚犯们其实早已失去了作为一个人应有的最起码的尊严。严格一点来说,他们其实就是靠三顿饭维持生命的行尸走肉,如果没有意外的话,他们也许会一直这样直到刑期结束或者是死去。

这天,所有囚犯都无所事事地在高墙下活动,突然空气中飘扬起一段优美的小提琴曲,他们顿时停止了一切活动,循着音乐的来源仔细凝听。刚开始他们的眼神中透露出茫然与疑惑,仿佛是久违的朋友忽然出现在眼前,难以分辨这是真的还是自己的幻觉,渐渐地,每个人都陶醉其中。时间仿佛在这一刻停止了,所有的一切都因这音乐而存在。坐在播音室里的安迪又一次露出了会心的微笑,这种微笑是胜利的微笑。他打破了监狱死气沉沉的空气,为这个充满阴暗色彩的地方注入了勃勃的生机。于是,安迪又一次把希望的种子埋在了囚犯们的心中,再一次唤起了他们对自由的向往和渴望。

后来,安迪想为监狱建立一个图书馆。为了得到第一批书,他每周给州议会写一封信,连续写了六年。但是一直都没有回音,于是他增加到每周写两封。就这样,在安迪入狱的第二个十年,图书馆终于落成了。这也是一个划时代的胜利,这个胜利的影响是深刻的,它从此让囚犯们的内心充实起来。与此同时,一个具有转折意义的人物出现了,他就是汤米。他能够证明安迪是被冤枉的,可是当邪恶的监狱长得知后,为了能让安迪一直留在监狱里,暗地里残忍地杀害了汤米。

唯一的证人没有了,反而坚定了安迪寻求自由的决心。他告诉兰德:"人生可以总结成一种简单的选择:是忙着活,还是忙着死。"——而待在监狱里就无异于等死。

这天晚上安迪开始了行动:打着手电筒,钻进自己20年来挖掘的隧道,擦着粗糙的隧道壁,匍匐前进。借着雷声将下水道砸开,钻了进去,里面满是淤泥与粪便。安迪忍受着常人无法忍受的恶臭,终于通过了这条相当于4

个足球场长短的下水道，来到它的出口——一片连接着监狱排污管道的池塘！安迪脱掉囚服跳进池塘中，像一条鱼那样自由自在地游着。清澈的池水洗去他满身的污泥，他站起来张开手臂，拥抱那久违的自由！

不久，兰德也获释了。一个阳光灿烂的日子里，安迪与兰德在墨西哥阳光明媚的海滩重逢了。

"忙着活，还是忙着死。"《肖申克的救赎》把生命变成了一种残酷的选择。相信自己，永远不放弃希望，耐心地等待生命中属于自己的自由，这就是肖申克的救赎，也是每个人的自我救赎。

## 我只是一个医生

美国著名的纽约医院有一句简短的甚至奇怪的院训：我只是一个医生。至于为什么要用这样一句话作为院训，还要从医院曾经的心脏科主任——艾德华博士说起。

艾德华博士是美国极负盛名的心脏移植专家，然而这一天，艾德华博士却是愁眉不展。

艾德华博士苦恼的原因是美国白宫特使打来的一个电话："艾德华博士，我们要给你送去一个心脏衰竭的病人——福尼斯先生，你知道他是总统的高级顾问，想必你能明白他的重要性。希望你能通过心脏移植手术来挽救他的生命。"声音很柔和，但却有着不容拒绝的威严。

艾德华博士并不是因为病人是政府的高官而担心，而是因为他已经在准备另外一个病人洛里的心脏手术。洛里29岁，肺部的一次感染引发了心脏衰竭，如果在两个月内没有合适的心脏来移植，洛里肯定会因心脏衰竭而死。

没过多久，白宫特使送来了福尼斯，艾德华博士仔细看了福尼斯的病历，他发现福尼斯的血型、身体的抗体等都和洛里相近。艾德华博士突然有了一种不好的预感：如果只有一个心脏，那么应该移植给谁呢？洛里身体各方面因素都优于福尼斯，是最适合进行心脏移植的病人，可是福尼斯是白宫送来的重要病人，可以说他的安危牵系着整个国家。

即使是在今天的美国，心脏移植手术也很少，主要的原因就是心脏来源很少。也就是说，如果两个月内没有心脏适合的人因为意外事故而死，或者是因为意外事故死亡而死者家属却不同意捐献心脏的话，洛里和福尼斯都会死于心脏衰竭。

艾德华博士陷入深深的矛盾之中，有时候他甚至暗暗地想，最好一直没有合适的心脏，那就不会这么难以抉择了。但是作为一个医生，救死扶伤是他的责任，艾德华博士为自己的这种想法感到可耻。

一个多月过去了，还是没有合适的心脏，福尼斯和洛里的生命之火即将熄灭。就在所有的人快要绝望的时候，美国心脏服务中心突然传来了消息，在1000英里之外的一个小镇上，有一个年轻人出车祸死亡，他的家属同意把心脏捐献出来。而且根据心脏服务中心传来的数据分析，这个年轻人的心脏与福尼斯和洛里的心脏完全吻合。

艾德华接到消息不久，白宫就打来电话："艾德华博士，总统已经知道了这个消息，他说这是非常幸运的，他希望你能做好这个手术，挽救福尼斯。"艾德华挂了电话，陷入了沉思，到底应该移植给谁？如果给福尼斯做，他是一个有影响力的人物，可以给自己带来巨大的声望和利益，可是即使心脏给了他，他顶多只能活一两年；如果给洛里做，虽然他的身体很符合，而且他还年轻，可是这就意味着要得罪白宫甚至总统。一贯雷厉风行的艾德华博士，此时也是左右为难。

院长还有白宫方面都在催促艾德华博士尽快为福尼斯做心脏移植手术，艾德华博士心中的天平也渐渐地向福尼斯这边倾斜。最后艾德华博士决定这个手术为福尼斯做，在做手术之前，艾德华博士决定去看看洛里。

其实洛里也知道了这件事情，洛里从艾德华博士的脸上看到了他的为难之处，洛里对艾德华博士说道："博士，你不必为我苦恼，手术就先给福尼斯做吧，毕竟我只是一个普通人。"

艾德华博士深深地看了一眼病床上的洛里，然后大步地走出了病房，通知手术科立即准备心脏移植手术，所有的人都以为这是要为福尼斯做心脏移植手术了。准备工作很快就做好了，可是最后艾德华博士却命令助手把洛里推上了手术台。原来艾德华博士改主意了，他决定为洛里进行心脏移植手术。

手术做得很成功，可是纽约医院和艾德华博士却受到了白宫方面的严厉斥责，最终纽约医院辞退了艾德华博士，艾德华博士回到了家乡的小镇医院。

事情过去不久，新闻媒体就报道了出来，人们表现出极大的关注。"我只是一个医生。"当时艾德华博士面对众多采访他的记者，只说了这么一句话，然后就拒绝了采访。

"我只是一个医生！"这句话通过新闻媒体的报道马上引起了人们更为热烈的讨论，同时人们也被这句话所感动。我只是一个医生，简简单单的一句话，可是有多少医生能做到？艾德华博士的遭遇引起了所有纽约人甚至全美大众的关注，人们也纷纷指责白宫自私蛮横、冷酷无情……

在整个全美大众的关注下，白宫方面最终公开向艾德华博士和所有美国人道歉，纽约医院也收回了辞退艾德华博士的决定，可是艾德华博士拒绝了，他决定留在家乡小镇上的医院。

纽约医院十分后悔自己的行为，于是决定把"我只是一个医生"这句话作为纽约医院的院训，永远地挂在纽约医院的大门口，以警示后人。

# 付出真情

19岁那年，丽莎好不容易找到了一份金店售货员的工作。丽莎的父亲五年前因病去世，母亲失业在家。当时又正赶上经济大萧条，一个工作机会会有上百的失业者争夺。所以，这份工作对她来说实在是太重要了，有了工作，自己和母亲的生活也就有了指望。能到金店工作，还得感谢好朋友鲍尔，鲍尔是那家金店的点货员，是他向老板推荐丽莎，丽莎才有机会进去。

丽莎刚开始在金店的二楼工作，她很珍惜这个工作机会，所以干得很卖力。第二个月，就被破例调往楼上工作。

金店的三楼，是整个商场的核心，专营珠宝和高档首饰。整层楼摆着气派的展柜，另外，还有一个专门供客人挑选珠宝的小房子。丽莎的任务是管理商品，在老板办公室外帮忙和接听电话。丽莎热情、聪明，没过几天就完全适应了这份工作。

新年临近了，金店的工作日益紧张。那天，丽莎冒着大雪赶到店里，全店的人都在忙碌地工作着。忽然，小屋子里打来要货电话，丽莎忙着到展柜的最里边取珠宝。当她拿到货品抽回手时，不小心让衣袖碰翻了一个碟子，里面装的六枚精美绝伦的钻戒一下子滚落到地上，叮咚地四散而开。

老板匆匆忙忙地赶来，看到这一幕却并没有发火，而是对丽莎说："快把戒指捡起来，放回碟子。"

丽莎手忙脚乱地捡回了五枚戒指，怎么也找不到第六枚。丽莎细细搜寻了展柜的每一个角落，依然没能找到。丽莎急得哭了起来，她心里很清楚，找不到戒指意味着什么。店里来来往往的顾客，让她对找到第六枚戒指彻底失去了信心。丽莎呆呆地坐在地上，痛哭流涕，她无法想象如果因此丢掉了这份工作，她和母亲要怎么生活下去。

丽莎默默地走出了金店，一个人在大街上游荡，整个人仿佛丢了魂一般。没想到，第二天鲍尔到她家告诉她说，戒指已经找到了，夹在了展柜的缝隙里，老板说她可以回去上班了，丽莎简直不敢相信自己的耳朵，一下子抱住鲍尔开心地哭了。

重新回到店里，有了上次的教训，丽莎更加小心谨慎工作。

鲍尔在一楼工作，他的工作是接货送货。刚来上班时，两人虽然不是经常见面，但每天也总能碰到一两次。可自从丽莎再次上班后，就很少能看到鲍尔了。他告诉丽莎说，他每天要提前下班，回去照顾母亲。丽莎知道他是个孝顺的儿子，也就没有多想。

日子一天天过去，很快到了年底，在金店进行年底大盘点的前一天，老板给员工发奖金。但是那天，鲍尔却没有到金店上班。

很长时间没有见到鲍尔了，丽莎便买了些礼物去看望他。鲍尔不在家。见到丽莎，鲍尔的父母先是一惊，待丽莎说自己是鲍尔的朋友时，鲍尔的母亲便哭着向丽莎大倒苦水，说："鲍尔这一年来，一天都没有休息过，我心疼他，可也没办法啊。他说和他一起工作的一位女孩弄丢了一枚钻戒，如果

109

不帮助她的话，她的生活就完了。所以他就私下和老板签了协议，钻戒由他来赔偿。但是就他那点工资，还要养活一个家，哪还有钱去赔偿那么昂贵的钻戒啊？他只好下班后再找些兼职打工。"老太太说完，丽莎早已泪流满面。

第二天，金店要进行大盘点，各种展柜都要重新布置。一大早，丽莎就来到了金店，她要当面向鲍尔和老板问个清楚。鲍尔和老板都还没有来，丽莎站在自己负责的展柜旁，想到一年前的那一幕，眼睛就模糊了。丽莎小心翼翼地挪动着自己负责的展柜，没几分钟，一声清脆的响声让丽莎浑身一颤。丽莎急忙俯下身去四处找寻，猛然发现一枚亮晶晶的钻戒静静地躺在两个展柜的缝隙间。

丽莎用颤抖的双手捧起那枚戒指，一边往楼下跑一边兴奋地大叫着："找到了，戒指找到了！"整个金店的人都惊呆了。这时鲍尔已经在楼下，两人相拥而泣，久久没能说话。

看着手中反射出璀璨光芒的钻戒和鲍尔消瘦的脸庞，丽莎脑海中不由得响起父亲临终前对她说的一番话："不管遭遇什么样的困境，你都不要怀疑，在这个世界上大多数人的心还是善良的。要善待自己，更要慷慨地付出真情回报别人……"

## 心不迷失，守住爱

爱，更多的是一种默默的付出和承担，如果不懂得付出，或无法承担手中的爱的责任，那么就千万别轻易地将自己的心门打开。在寂寞里，只有把握好自己的心而不迷失，才能最终守护自己的爱情。

紫婉一直在当地的一家大学图书馆里做管理工作，工作自然是十分轻闲，她喜欢那种书香绕怀的感觉。在书架间待得久了，紫婉的身上总有一种恬静的气息，这令她愈加有魅力。紫婉的朋友不多，平时也没多少应酬，所以她经常会从图书馆带回来一些书，一个人在学校附近租来的小屋里，慢慢品味书给她带来的一切。紫婉的丈夫工作很忙，所以更多的时候就是她一个人，但他们的感情一直都很好。紫婉喜欢这种安静、平淡的日子，像流水一样滑过。但是她也怕寂寞，有时候看着一个人的小屋也会有些怅然若失。

附近新开了一家音像店，店不大，但装修得很典雅，全是原木结构，给人一种很温暖的感觉。店里面有个很长的吧台，上面放着小托盘装着花花绿绿的糖果，去店里面的人可以随手拿来吃，同时也有免费的茶水提供。紫婉很喜欢这种人性化的氛围，简单中透露着关怀。小店生意似乎不错，很多人都喜欢来这里坐坐，紫婉也是。她没事时总会来这家店待一会儿，品着茶静静地听听肖邦或者舒伯特的音乐，从小店每天放的音乐中，就可以看出老板是个极有品位的人。

小店的老板是个二十八九岁的男人，总喜欢穿一件白色衬衣。紫婉几乎每次来都会看到他正拿着一块软布擦杯子，这似乎是他的一大爱好。紫婉虽然经常光顾，两个人却很少有什么交流，但是人总是会被与自己气质相近的人所吸引。有几次紫婉抬头看他时，发现他正在看着自己，于是紫婉便对他报以微笑，而他也对她笑笑，然后继续擦他的杯子。

久了之后，紫婉了解到男人叫谢尔，她突然感觉自己挺好笑的，为何竟关心起一个熟悉的陌生人来。3个月后，紫婉很长一段时间都没看到谢尔，店里来了一个女孩帮他打理生意。紫婉在小店里走走停停，总是会有意无意地抬眼看看吧台，总感觉似乎少了什么东西一样，这时她才意识到那个安静的男人已经在不知不觉中成了这家小店一道不可或缺的风景。一次在和那个女孩聊天时，紫婉无意中知道了谢尔的经历，他本是一家公司的项目经理，事业做得不错。因为酷爱音乐的缘故，便在这所他曾经待了4年的学校附近开了这家CD店。

听完紫婉就明白了，谢尔应该是个闲散性格的男人，他不喜欢公司里的尔虞我诈，于是总想着为自己的心找个安静的地方，开这家小店，也并非为了赚钱，只是为了给自己的感情找个归宿。紫婉突然对这个特殊的男人产生了一种奇怪的兴趣，她好想走进他的世界，看看他的生活是什么样的。

一天，她再次来到这家小店，意外发现谢尔正在吧台后面擦杯子，紫婉忽然有了一种很安心的感觉。她走过去，拿了颗糖含在嘴里，轻轻地嚼着，看着谢尔里里外外把一个杯子擦得锃亮。"擦杯子应该是最开心的事情吧？"紫婉实在找不出更好的话题。谢尔抬头对她笑了笑，"对我来说还真是这样的。"就这样，他们算是彼此认识了。

从那之后，紫婉依然会在闲暇时到小店逛一下，偶尔买张CD，但大多数时间只是为了坐下来喝杯茶，听听音乐。谢尔偶尔会走过来和她聊上几句，有一次，他突然对紫婉说："总感觉你和别的女人不一样，你总喜欢一个人安静地坐着，这是很难得的。"面对谢尔的夸奖，紫婉并没有说话，而是对他笑了笑，也算是一种认同吧。

他们常会坐在一起聊音乐。紫婉感觉和谢尔在一起真的很开心，仿佛心要飞起来。她把自己的这种感觉告诉了谢尔，谢尔惊喜地说自己也是。紫婉这才发现，这个世界上，有一些人还是可以与自己趣味相投的。

一次，紫婉开玩笑地对谢尔说："如今像你这样安静的男人真的少见了。"而谢尔却苦笑着说："可是我的女朋友却说我这样没有进取心，太不像男人了，为此我们还吵了几次。"这是谢尔第一次在紫婉面前提起自己的女朋友，不知为什么紫婉听了竟有种莫名的失落感，但她不想让谢尔看到自己的这种失落，连忙说道："可我还是挺喜欢你这样的，可以活得自由舒适。"听了紫婉的话，谢尔轻轻叹了口气，把脸转向了窗外，看着远处的天空中盘旋着的鸽子，陷入了沉默。

渐渐地，他们越来越熟悉，紫婉常常会在下班后去店里帮谢尔照看生意，用她的话来说，在谢尔这里既可以听免费音乐，又可以免费喝茶。谢尔听她这么说，总是微笑不语。紫婉把帮谢尔看店当成了一种乐趣，因为她所向往的正是这样的生活：恬淡、自由。自从和谢尔熟悉之后，她便很少一个人待在屋里看书了，因为如今的她似乎再也难以忍受那种寂寞。

在认识谢尔很长的时间里，紫婉发现他的女朋友只来过一次，她所追求的是一些时尚绚丽的东西，在她看来这些清淡的东西实在是陈旧而不合时宜。谢尔说，她常常以这样的话来督促他，比如，公司的上层将要有变动，让他努努力；平时要常和什么样的人在一起吃饭交流感情，保持良好的关系……

谢尔说自己真的很累，紫婉很理解，因为她知道谢尔和她一样，是个喜欢自由散漫的人，一想到要和别人去应酬争抢就会头昏脑涨。谢尔说他很矛盾，他不喜欢她追求的那种生活，而她也不可能喜欢他的生活方式，但是他明白自己是爱她的。从大学便开始恋爱，他们在一起已经7年了，怎么能因为这些原因说分开就分开呢？紫婉平生没有羡慕过谁，但此时突然好羡慕谢尔的女朋友，有谢尔这样一个爱她的男朋友。紫婉想到了自己的丈夫，心中突然有种说不出的惆怅。

一天，谢尔对紫婉说："我能到你那儿坐坐吗？"紫婉听了谢尔的话，感到一丝的意外，因为认识这么久了，每次都是她来店里面，她从没有邀请过谢尔到她那里去，而他也从没有提出过这样的请求。她看了谢尔一眼，说："可以呀，只是我那儿太小，希望你不要嫌弃。"

于是，他们一同走了出去，外面风轻轻柔柔的，紫婉闻到了谢尔发间散发出淡淡的柠檬草的味道。她心里不由暗想，真是个干净清爽的男人。进屋后，她让谢尔坐下，并给他削了个苹果，谢尔边吃苹果边打量着紫婉的房间，的确是不大的房间，但布置得却很舒适，温暖中有种生活的气息。谢尔突然说他饿了，于是紫婉便去厨房给他做她最拿手的虾仁玉米汤，起锅时还特意打上一只鸡蛋，像天女散花般，很好看。当她把汤端到谢尔的面前时，她看到谢尔一脸的惊讶。

紫婉打开了音响，里面传来舒伯特悠扬的《美丽的磨坊少女》。紫婉看着安静地坐在那里一口一口喝汤的谢尔，不由得心想，如果能永远和这个干净清爽的男人待在一起会是多么地舒服啊。但她马上把自己这种荒唐的念头强压了下去。谢尔吃完一碗后，她又给他添了一碗，他吃完后冲她不好意思地笑了笑。像这样的男人，什么样的场面没见过，竟然也会害羞？紫婉想到这里不由得笑了。

谢尔在紫婉的小屋里待了大约半小时，汤喝完后就起身告辞，临走时，他对紫婉说："真不明白为何女人和女人的差别会如此大？可是我还是爱她的，这也许就是我的命吧，紫婉，你是个好女人，希望你幸福。"谢尔的话听起来好像是在告别，但紫婉没接着问下去，便送谢尔走了。

第二天，当紫婉再次来到小店时，却意外地发现，小店已经关门了。紫婉知道谢尔到底还是把心放回了公司，而这一切都是为了让他女朋友过上理想中的生活。真是个重感情的好男人，紫婉低声感叹一句。透过玻璃门仿佛又看到了谢尔穿着白衬衣正在擦玻璃杯，但是她知道这一切都不可能再回来了。紫婉对自己笑笑，她知道她也必须把心思收回去了，因为她明白，虽然丈夫很少陪她，总是忙于工作，但他却是爱着自己的。

## 书虽无字，却是希望

汉纳律师的独生子在一次意外中丧生了，曾经业务娴熟、古道热肠的汉纳律师像变了一个人似的，他整天唉声叹气、酗酒抽烟，思维混乱。曾经门庭若市的律师事务所，再也没有人光顾了。

但是有一天，在汉纳惊讶的眼光里，80岁的葛瑞丝太太走进了事务所。

葛瑞丝太太白发苍苍，脸上布满了纵横交错的皱纹，就像一棵经历了狂风暴雨但依然坚毅地活着的老树。她摸索着抓住汉纳的手："我找汉纳律师，虽然我眼睛瞎了，有7年没来过镇上，可我还记得这个孩子最热心肠了……"

一股暖流涌上了汉纳的心头，原来还有人这样惦记自己。他小心地把葛瑞丝太太扶到自己的办公桌前坐下。虽然屋里已经凌乱不堪，但是葛瑞丝太太是看不见这一切的。葛瑞丝太太有些不好意思："汉纳，我不会耽误你太长时间，我知道有许多人还在等着你办事。我想托你办一件事，看你能不能想想办法。"汉纳惭愧地低下头说不出话来，已经有很久没有当事人上门了。葛瑞丝太太在口袋里摸索了一阵子，掏出厚厚的一沓纸来。"我写了一部书，汉纳，你想想有什么人有兴趣出版吗？"

"出书？"汉纳有点儿好奇。

"是的，我年轻的时候曾经发表过散文、小说……人老了，就开始怀念过往。我每天用打字机写一点儿，把自己一生的经历都写进了这本书里。不是我自卖自夸，这里面还是有些有价值、有趣的东西的！"

汉纳从她颤抖的手中接过书稿，轻轻一翻，一张医院的住院缴费通知单从里面滑落下来，名字是葛瑞丝太太的外孙女赫蒂，汉纳忽然有点儿明白为什么葛瑞丝太太这么着急出书了。这个倔强的老太太不肯向别人求助，而是希望通过自己的努力来为赫蒂筹集医疗费。汉纳认真地翻阅着书稿，不时地发出惊讶和赞叹声，手上的纸发出"哗哗"的声响，最后他抬起头，大声说："稿子好极了，葛瑞丝太太。我想想办法，一定要帮你找一家稿酬最高的出版社，放心吧！"

5天之后，汉纳高兴地告诉葛瑞丝太太，有位出版商认为书稿写得非常精彩，决定出版这本书，并预付了800美元订金，以后每月都会有预付书款送过来。那一天是葛瑞丝太太最得意的日子。她马上委托汉纳为住院的赫蒂请了一个特别护士，并付了部分医疗费。

从此以后，汉纳每月都给葛瑞丝太太送来200美元，报告她那本书的出版进展情况。他还给葛瑞丝太太读出版商的来信，信上说葛瑞丝太太一生阅历丰富，对于后来人非常具有指导意义，出版商建议在封面上印上她的肖像，并拟定了书名——《80岁女作家的传奇人生》。

葛瑞丝太太谦虚地说："其实我只是觉得自己虽然老了，但还是有用处的。"汉纳为她这种乐观的精神深深感动。在这位女儿早逝、双目失明却依然积极面对生活的80岁老人面前，自己还有什么理由颓废消沉呢？汉纳重新振作起来，像从前一样满怀热情地投入到自己的工作中。

靠着葛瑞丝太太的预付书款，赫蒂顺利地康复了。每当葛瑞丝太太问起汉纳关于书的出版情况的时候，汉纳都告诉她马上就要出版了，要耐心地等待。但是葛瑞丝太太好像没有办法支撑得更久了。这一天傍晚，她在卧室里摔了一跤，就再也下不了床。医生告诉她，她的生命只能再延续一个星期。

面对死亡，葛瑞丝太太显得异常平静。她唯一的愿望就是能够看到自己的那部书出版。"你一定会见到的！"汉纳向她保证，他告诉她出版社正在日夜赶印那部书，过两天就会送过来。

在汉纳把那部印好的书送来的那一天，葛瑞丝太太的神志已经不清醒了。那是一部很大很厚的书，封面上的烫金文字甚至可以用手摸。她用颤抖的手指摸着自己的名字，眼睛里老泪横流："我到底不是个废物。"然后她逐渐进入昏迷状态，三个小时后她静静地去了，怀里还紧紧抱着那部宝贵的书。

在葛瑞丝太太的葬礼上，赫蒂翻开了那本书，她是想读一段外婆写的文字，但她马上惊愕地抬起头来，望着汉纳大声喊："这本书为什么每页都是白纸？"

"我希望你能原谅我。"汉纳低声说，"葛瑞丝太太的眼睛看不见，打字机在行末发出的铃声她也听不见。她总是一个劲地打下去，每一页原稿其实都只有一片黑乎乎的墨迹，完全没有办法看清楚内容。所以她自己也不知道，其实她打的是一本无字书。但是，这是她最后的精神支柱，我就骗她说书写得很精彩，出版商愿意发行，我希望能够替她完成这个最后的心愿。"

"谢谢你！这本书也是我的希望！"赫蒂热泪盈眶，也正是外祖母打出的这本"无字书"，鼓励她战胜了病魔，勇敢地生活。

"其实我也应该感谢葛瑞丝太太。她给了我莫大的勇气，让我重新振作起来。"汉纳不无感慨地说，"自从失去了儿子，我一直觉得自己的生命毫无意义，是葛瑞丝太太的坚忍毅力让我看到了永远不向生活妥协的精神。她教会了我不论何时，都要勇敢地面对人生。"

# 每一个人都需要拥抱取暖

不管这个世界多么冷漠，总会有一些温暖在不经意的时候融化我们内心的寒冰。所以不要吝啬张开你热情的手臂，在每一个人需要拥抱取暖的时候。

陌生的天空、陌生的街道、陌生的人群，一切的一切都没有了熟悉的家乡的色彩，邵辉知道自己漂泊得真的太远了。

当时邵辉住在远离市区的一个老旧的四合院里，空旷荒芜的庭院生满了蒿草。房东是一个脾气古怪的老太太，而邵辉的邻居——一个中年妇女和一个嗷嗷待哺的孩子，又常常在邵辉刚刚睡着的凌晨毫不客气地搅乱他的美梦。虽然那梦往往也是失意苦涩的，可熬夜码字的痛苦只有在黎明时分才可以得到些许缓解。而那个孩子的哭声每每就在这个时候突兀而又尖锐地袭来，搅得邵辉心神不宁。那时候邵辉正失业，邵辉用最后的一点坚强支撑着自己寂寞的生活。但那个孩子持续半个多小时的哭声常常让邵辉感觉到生活的无奈与无措。

邵辉承认自己厌烦邻居那对母女，那对每天早出晚归而且把自己仅剩的一点夜晚的安宁都打破的母女。

有一天下午，邵辉突然生病了，头烫得要命，嗓子里面像是着了火一样，但偏偏身边没有一杯水。邵辉万分沮丧，甚至想干脆放弃生命——没有钱，没有朋友，更没有任何的关心和问候，邵辉感觉自己被这个世界抛弃了。一气之下，邵辉拿起身边的文稿狠狠地扔向窗外，看秋风把那一张张曾饱含着自己情感的文章吹得四散飞扬，邵辉欲哭无泪。

夜幕慢慢地降临，邵辉的心也一点一点滑进深深的黑暗里。不知过了多长时间，高烧得几近昏迷的邵辉恍惚中睁开眼睛，额头上一块湿漉漉的手帕正散发着丝丝的凉气。邵辉隐隐约约看到一个蓬着头发的中年妇女正一跛一拐地收拾屋子。床边的桌子上放着一只飘动着若有若无热气的杯子。

邵辉侧了一下身体，那跛脚女人听到声音，转身走了过来："好好躺着吧，你烧得很厉害。"她温和地笑着端过杯子，扶邵辉靠在床头，说："再喝点儿，对你的病有好处，你太缺乏营养了。"

看着邵辉一口一口喝完，她拿过一摞纸放在邵辉的床头："我没有太多的文化，但想想也知道这些东西是你的心血，就这样扔了太可惜了。所以我就帮你又都捡回来了，没想到一进屋看见你病得这么厉害。"

邵辉的眼睛禁不住一热。在一个人背井离乡的日子里，在这个无依无靠的城市，这样一个不擅言辞的妇女让邵辉真真切切地感觉到了久违的温暖。

第二天一大早，她又给邵辉送来了一碗稀粥。邵辉猜想她的日子一定很苦，因为稀粥里只有碗底一小撮米和几片菜叶，但这碗稀粥却是邵辉这一生之中吃得最美味的一顿早餐。

一个月后，邵辉终于找到一份工作，总算可以聊以糊口。不过邵辉仍没有机会与她说几句话。她依旧早出晚归，孩子也依旧每天半夜大哭不止。

后来，房东告诉邵辉，女人和孩子被她的丈夫遗弃了，辗转来到这座城市，却因腿脚不便，找不到工作，最后只好以捡破烂维持生计。日子过得非常艰难，常常吃了上顿没有下顿，更可怜的是那个只有几个月大的女儿，母亲少之又少的奶水总也吃不饱，总是等不到天亮就饿得哭闹不止。

听着房东的话，邵辉的心蓦地一怔——自己发烧时喝的那杯极淡极淡的奶莫非是她自己的？

"她难道给孩子连一包奶粉都买不起吗？"邵辉试探着问。

"奶粉？她哪还有钱买奶粉，饭都吃不上。"房东的话里也充满了无奈。

当天夜里，邵辉怎么也睡不着。他一次又一次地回味那杯奶的味道，感动就在这个时候无以复加地包围着邵辉。想起当初自己对她们的厌烦，想起自己当初对那个孩子每晚半夜的哭声不但漠不关心反而深恶痛绝，邵辉就开始自责和内疚。

夜深了，孩子的哭声又一次传来。邵辉翻身起床，拿出抽屉里几天前就买好的两包奶粉，敲开了她的门。

## 你所拥有的世界和出身无关

很多时候，出身卑微的人很容易被自己所处的地位所制约，自己对自己没有信心，不思进取甚至浑浑噩噩、得过且过，最终与成功失之交臂。其实成功与地位无关，关键在于自身的奋斗。无论是什么样的身份地位，只要付出自己不懈的努力，成功一样会青睐你的。

他出生在一个普普通通的家庭，父母每天都辛辛苦苦地劳作，但是一年下来却没有多少收获，因此他感到深深地自卑，不知道自己将来会怎样。甚至，许多时候，他觉得自己注定也会像父辈一样一辈子艰难挣扎，穷困潦倒。

虽然他并不甘心，他也梦想着长大出人头地，也希望在同学面前显示他的聪明和能干，但是他的同学却不愿与他一起玩，有些人甚至还经常嘲笑他。他开始灰心丧气，也不愿意学习了，年幼的他已经学会了默默忍受。

爸爸看到他这样，就告诉他："每个人都不能选择自己的出身，但是可以通过努力奋斗改变自己的生活，如果不努力你不仅永远不会成功，甚至到最后连生存的资本都会丧失。"尽管爸爸不断鼓励他，但是他心里始终有一个死结解不开。

等他稍稍长大，爸爸带着他去参观了梵高的故居。爸爸告诉他，梵高是一位非常伟大的画家。他看到梵高残破的小木床，以及裂了口子的皮鞋，他不相信梵高会睡这种小木床，还会穿裂了口的皮鞋。他忍不住问爸爸："梵高难道不是一位百万富翁吗?"爸爸告诉他:"梵高是一个穷人,一辈子连妻子都没娶上。"

他的心一下子被触动了。一个这么穷的人也可以成为如此伟大的画家。他想,那么这也证明了,穷人也是可以创造出令人瞩目的伟大事业来的。他开始觉得,自己的自卑或许没有必要,因为梵高年少时的家境还不如自己。

后来,爸爸又带着他去了丹麦,站在安徒生的故居里,他有些难以置信地问爸爸:"安徒生不是生活在皇宫里吗?"爸爸回答他:"安徒生的父亲是一位普通的鞋匠,他就生活在你现在看到的这栋简陋的阁楼里。"

既然安徒生不是生活在皇宫,而是住在如此平凡简陋的阁楼里,为什么他会写出那么美丽的童话呢?爸爸告诉他,那是因为他们有一个属于他们自己的世界:安徒生有自己的童话天地,梵高有属于自己的太阳。

是的,每一个人都有一个属于自己的世界,这个世界与自己的出身没有任何关系,它是深藏于内心的梦想,需要努力地去追求和创造。后来,这位少年找到了自己梦想的世界,那就是文字,他觉得这是世界上最美丽的东西。

他就是美国历史上第一个普利策奖黑人获得者——伊东·布拉格,一个普通水手的儿子。30年后,布拉格回忆起自己的童年:"那时父母都靠做苦力为生,家里非常贫穷。有很长一段时间,我一直以为像我们这样地位卑微的黑人是永远都不可能有出息的,好在爸爸带我去见识了梵·高和安徒生的故居。这两个人的事迹让我明白,成功与地位无关,关键在于自身的奋斗。"

| 第六章 |

以清净心看世界，用欢喜心过生活

人在红尘，心在红尘，一切皆在红尘。在烟雨红尘中，我们都这样走着。太多的诱惑，让我们欲罢不能。谁知，这一切不过是水中月、镜中花，甚至是海市蜃楼，最终只是一场空欢喜。当参透人生，你就能甘于淡泊，乐于寂寞，愿意活得随性和恬静。放开手，收收心，看一看天边云，听一听林下泉，安享生命中难得的一份寂寞与安宁。

## 经常修剪，就好了

人生的路途是一段段不同的风景，常常需要我们调整自己以适应现实。贪多而又追求完美的心态，让不少人难承重压，背离了真正的生活。人的欲望是无法满足的，而机会稍纵即逝。贪欲不仅让人无法得到更多，甚至连本可以得到的也将失去。

泰国首都曼谷的郊外有一座寺院，因为地处偏远，一直非常冷清。

原来的住持圆寂后，索提那克大师来到寺院当新住持。有一天，他绕着寺院四周巡视，发现寺院周围的山坡上长着很多矮树。那些矮树呈原生态生长，枝叠叶繁，杂乱无章。大师找来一把园林修剪用的剪子，经常去修剪一棵矮树。几个月过去了，那棵矮树被修剪成一个火焰形状。

这天，寺院来了一个客人。来人衣衫光鲜，气宇不凡。大师接待了他。那人说自己路过此地，汽车抛锚了，司机正在修车，他进寺院来休息一下。

大师陪客人在寺院参观。行走间，客人向大师请教了一个问题："人怎样才能清除掉自己的欲望？"

索提那克大师微微一笑，转身回屋里拿来那把剪子，对客人说："施主，请随我来！"

他把来客带到寺院外的山坡。客人看到了满山的矮树，也看到了大师修剪成形的那棵。

大师把剪子交给客人，说道："你只要能经常像我这样反复修剪一棵树，心里的欲望就会渐渐被清除。"

客人有些怀疑地接过剪子，走向一棵矮树，咔嚓咔嚓地剪了起来。

过了一会儿，大师问他感觉如何。客人笑笑："感觉身体倒是舒展、轻松了许多，可是充塞于心头的那些欲望好像并没有放下。"

大师笑着说："刚开始是这样的。经常修剪，就好了。"

客人走的时候，跟大师约定7天后再来。

大师不知道，来客是曼谷有名的富翁，近来他的生意陷入了危机。

7天后，富翁来了；15天后，富翁又来了……两个月过去了，富翁已经将那棵矮树修剪成了一只初具规模的手掌。大师问他，现在是否懂得如何清除欲望。富翁面带愧色地回答说："可能是我太愚钝，每次在这里修剪的时候，我能够心平气和，无所挂碍。可是，从您这里离开，回到我的生活圈子之后，我的所有欲望依然会像往常那样冒出来。"

大师笑而不言。

当富翁的"手掌"完全成形之后，索提那克大师又向他问了同样的问题，他的回答依旧。大师对富翁说："施主，你知道为什么当初我建议你来修剪树木吗？我只是希望你每次修剪前，都能发现，今天剪去的部分，过些天又会重新长出来。与此相似的，人的欲望是永远都无法消除的。我们能做的，就是尽力把它修剪得更美观。放任欲望肆意生长，它就会像这满坡疯长的矮树，七扭八歪，丑陋不堪。但是，经常修剪，原本丑陋的矮树也能成为一道悦目的风景。名利亦如此，只要取之有道，用之有道，利己惠人，它就不会成为心灵的枷锁。"

富翁恍然大悟。

此后，越来越多的香客慕名而来，寺院周围的一棵棵矮树也被修剪成各种形状。寺院因此也香火渐盛，日益闻名。

## 羊的价钱

在大西北的一个小村落,有一位放牧的老人名叫阿迪里,有一天,阿迪里老人在野外放牧的时候捡到了一只公羊。这只公羊不仅长相奇特、配种能力强,而且由它配种生下的那些小羊,个个身肥体壮,肉味鲜美。

一传十、十传百,阿迪里老人拥有一只神奇公羊的消息很快传遍了四邻八村,很多人都争相来观看这只公羊。后来,有人就提出愿意用8万元买下这只公羊,阿迪里老人却不肯卖出,因为他实在是太喜欢这只公羊了。

老人拒绝后那人并不甘心,竟提出要拿15万元来买走这只公羊,他以为老人肯定会同意,但老人摇摇头仍旧不答应。羊没被买走,但从此以后,打这只公羊主意的人却多了起来。公羊因此受到了惊吓,日渐消瘦,甚至不愿配种了,阿迪里老人不得不日夜派人来看护这只公羊。总这样下去也不是个办法,阿迪里老人思索了很久,决定带着由公羊配种生出的那些小羊去参加一个拍卖会。

在这场特殊的拍卖会上,很多人争相给出高价要买走那些小羊,但是没想到,最后老人竟把这些小羊卖给了一个出价最低的牧羊人,每只小羊的价格也就和普通的小羊一样。所有的人都大感不解,但是阿迪里老人的一番话给出了答案:"这些小羊只是羊,它们也只值羊的价钱,而我的那只公羊也只是一只羊,它也只值一只羊的价钱,这是无可争议的。"

阿迪里老人以普通羊的价格售出了那些小羊后，再也没人来觊觎那只公羊了。公羊得到安宁，阿迪里老人把它养得膘肥体健，由它配种生出的小羊渐渐多起来。几年之后，阿迪里老人不但自己因此脱贫致富，也带领乡邻们一道富裕起来，老人更加受人尊重。

谈到自己成功的秘诀，阿迪里老人说："世界上总是充满了各种各样的诱惑，但有些诱惑是需要抵御的，因为这些诱惑只能引起贪婪、罪恶，并不能增加社会财富。"

阿迪里老人的故事告诉我们，当我们把很多不必要的诱惑降到最低时，在某种意义上你就已经获得了成功。

## 摘最有味道的果子

刚开始时，小仲马寄出的稿子总是遭遇退稿，不被选用出版。大仲马知道后，便对儿子说："如果你能在投稿时，随稿给编辑先生附上一封短信，或者写上一句话，说'我是大仲马的儿子'，或许情况就不会这样了。"

小仲马并没有采用父亲的建议，而是固执地说："不，我不想坐在你的肩头上摘果子，即使那样很容易就能摘到果子，但那样摘来的果子没有味道。"年轻的小仲马不但拒绝以父亲的盛名做自己事业的敲门砖，而且不露声色地给自己取了十几个其他姓氏的笔名，以避免会有编辑把他和大名鼎鼎的父亲联系起来。

面对一封封无情的退稿信，小仲马没有灰心丧气，仍然不屈不挠地坚持创作自己的作品。他的长篇爱情小说《茶花女》寄送出去后，终于以其绝妙的构思和精彩的文笔震撼了一位资深编辑。这位知名编辑曾和大仲马有着多年的书信来往。他看到寄稿人的地址同大作家大仲马的竟然完全相同，他怀疑是大仲马另取的笔名。但作品的风格却和大仲马的迥然不同。带着这种兴奋和疑问，他迫不及待地乘坐马车前去造访大仲马。

然而，令他大吃一惊的是，《茶花女》这部作品的作者竟是大仲马名不见经传的年轻儿子小仲马。"您为何不在稿子上署上您的真实姓名呢？"老编辑疑惑地问小仲马。小仲马说："我只想拥有真实的高度。"

老编辑对小仲马的这一做法赞叹不已。

《茶花女》出版后，法国文坛书评家一致认为这部作品的文学价值大大超越了他的父亲大仲马的代表作《基督山伯爵》。小仲马从此声名鹊起。

## 淡如水的交情

门卫老李号称有三个当大老板的朋友。

老李所说的三位朋友都是小区的业主。本来大家也只是眼熟，后来渐渐熟悉了，偶尔便叫老李帮忙搬个东西什么的，事后要给他钱，老李红了脸，说这样太不把他当朋友了。有时业主应酬回来晚了，喝得醉醺醺还开车，被老李扶上楼，业主丢给他两包好烟，老李黑了脸，说这样太不把他当朋友了。大家虽然表面客气，却没人在乎这句话，老板跟门卫，无论怎么都挨不上边。

认识几年后，老李给他认为是朋友的业主帮了不少小忙，小恩小惠却一直拒绝，大家都弄不清楚他到底图什么。后来，有个业主的女儿被狗咬伤，父母不在家，老李疯了般抱着孩子跑去医院。等父母赶到，事情已处理完了。大家这才感受到老李的情深义重，都要为他想个出路。有的想给他找个更好的工作；有的想出一笔钱给老李做小买卖……老李一概拒绝，说："君子之交淡如水。"大家哭笑不得。但是如何回报老李，渐渐成了大家的一种烦恼。

没想到不久后，回报老李的机会真的来了。老李老家来信：老父病情危重。大家过来安慰他，想送点钱，老李仍然拒绝了。第二天，老李找到他们，说想请大家帮个忙。大家听完精神一振，老李终于开口求他们了。老李说，他父亲去世了，他得回去奔丧，但物业公司人手不够，请不了假，他不想失去这份工作，所以想请朋友们帮他顶几天岗。

于是，在老李回家奔丧的六天里，三个千万身价的大老板每人轮流替他值了两个夜班。每有生意场上的朋友打电话约酒局时，他们都会说："今天晚上绝对不行，替一个朋友值班呢。"

## 共桌而食的幸运

"世界上最遥远的距离，不是明明无法抵挡这股想念，却还得故意装作丝毫没有把你放在心里；而是用自己冷漠的心，对爱你的人掘了一条无法跨越的沟渠。"泰戈尔这两行美丽的诗句感动了无数男女。因为有距离的存在，才使美可以长久。当我们午夜梦回、对月伤怀时，记忆会重演在过去的种种美好。这时，或许我们可以真切地感受到："与其相濡以沫，不如相忘于江湖。"

人到中年，芳偶然回顾自己走过的人生岁月，回忆起生命中曾经遇到的异性朋友，突然想通了一个简朴的道理：情人之间最美丽的距离，其实就是隔着一张餐桌的距离。这是芳从自己与一位异性朋友的交往经历中总结出来的。

至今为止，两个人相识已经25年了。在人生的长河中，25年也算得上漫长了。在这25年当中，芳与林有过同窗共读的青葱岁月，也有过鸿雁往来的纯真时代，更有过一起看电影、吃烛光晚餐的浪漫时光。只有大约5年时间是彼此的空白，但也就在那空白的5年里，林与芳各自恋爱，各自成家。其间也曾有过几次偶遇，或在熙熙攘攘的商场门口，或在人来人往的十字路口，但两人只是礼节性地点点头，依托脸上平静的微笑来掩藏内心翻滚的波涛。

那时候，两个人都还茫然于找不到一种对彼此来说最好的相处方式。直到那一年年末，在一次同学聚会中，林与芳再度相遇。至此，芳已然明白，生命中有些人注定需要用一辈子的时间去忘记。人脑无法像电脑那样按一下"删除"键就马上变成一片空白,刻意地遗忘反而会让记忆更加深刻。既然彼此依旧把对方当作生命中不能错失的人,那么随遇而安,好聚好散,便是最好的选择。

就这样,在为爱情各奔东西的经年之后,两个人襟怀坦荡地重摆友情的筵席。男女之间的这种交往很奇妙,从友情跨越到爱情往往只需捅破一层薄薄的窗户纸,从爱情回归友情却仿佛远隔万水千山,而林与芳能够心照不宣地将万水千山的距离浓缩为咫尺,靠的就是对缘分的尊重与对友情的信仰。

其实林与芳之间的真正缘分源于学生时代的一场游戏。就在那年夏日的一个夜晚,女同学集中在教室后排的角落里玩"抓名游戏":临窗的书桌上散落着几十张纸条,每张纸条上都写有本班一名男生的名字,而芳在嬉闹中随意抓起的那张纸条上写着的就是林的名字,但那时林的名字对芳来说仅仅是一个普普通通的人名。她根本没有察觉到这或许就是冥冥中注定的选择。直到若干年后林的名字在芳的心海里掀起惊涛骇浪,芳才开始对少女时代所玩的那个"抓名游戏"怀有一种如命运般的信仰。

回想起那段与爱同行的日子,林几乎每个星期都请芳喝一次咖啡。那段时间,芳的内心里多么渴望能成为林心目中最重要的女子啊,可林从来都不懂得用甜言蜜语来讨芳的欢心,在芳跟前反复强调母亲是自己生命中最重要的人,却不知道这句话会深深刺痛一个逞强好胜的女子敏感的自尊心,芳每每因此痛苦万分。

多年以后,时过境迁,芳终于理解了林当时的苦衷,一个从小失去父亲的男孩视母亲如生命也合情合理。其实世间大多数男人都认为母亲是不可替代的,芳就以这样的理由谅解了林,从此不再探究自己在林心中的地位。

去年冬天,芳从同学口中得知林的母亲因病住院,便悄悄地去医院探望。这是芳第一次见林的母亲。面对那位慈祥而和蔼的老太太,芳上前自我介绍道:"我是你儿子的老同学兼好朋友。"林的母亲很快便明白过来:"哦,我知道了,你就是……我儿子以前总是说起你呢!"芳坐在病床前,微笑着听林的母亲讲述林童年的趣事。芳忽然想起自己当年曾经很多次暗暗为屈居林的母亲之后而怨愤的往事,顿时羞愧得无地自容。那一刻,芳对眼前的老妇人肃然起敬。正是这位母亲含辛茹苦地养育了一个品德优秀的儿子啊!同时芳也感激上苍让芳在纯真的豆蔻年华里结识她的儿子并且与之结下了终生的友谊。

近年来,林和芳的见面地点总是选在餐厅。他们几乎一起吃遍了城里城外大大小小的餐厅。有时候一顿饭要吃上几个小时,或谈工作的得失,或谈生活的琐碎,总是没有冷场的时候。其实林和芳的口味并不太相同。在他们常去的那家西餐厅,林最喜欢吃八成熟的牛扒,而芳最喜欢吃沙拉。咖啡是两人共同喜欢而且百喝不厌的。林常常在吃完饭后点一壶咖啡,芳一边搅动着香气四溢的咖啡一边想,也许眼前的咖啡不一定是世界上最美味的咖啡,但眼前的朋友绝对是与自己最合拍的"咖啡伴侣"。芳忽然醒悟:情人之间最美的距离,不是卿卿我我的零距离,也不是灵肉相合的负距离,而恰恰是一张餐桌的距离。芳喜欢和林之间隔着一张餐桌的距离,这是一种可以相互关爱又不会意乱情迷、可以敞开心扉又能避免缠绵之举的距离,这样的距离亲密而有间。

当然,也正是这种恰当的"餐桌距离",使林与芳能够平稳地度过容易冲动的青年,顺利踏入理智的中年。别人看到林与芳在吃饭时有说有笑的样子,可能会猜测他们关系暧昧,但是林和芳心里都明白,一张餐桌,就是彼此之间的楚河汉界,情感与理智各处一边。林与芳之间,因为未曾被激情燃烧过也就没有被时间的灰烬掩埋,也因为交往的意犹未尽而在相互的人生中留下经久不散的余韵。

年轻时都把"生不同衾、死不同穴"视为爱情的千古憾事,成熟之后才懂得,两个人能够平平淡淡地共桌而食,也是一种不可多得的幸运。

## 即使是假的，也如同是真的

　　一天晚上，雯和一位朋友共同参加一场宴会。雯先到朋友家等朋友化妆，朋友把首饰一件件地搭配着晚礼服给雯看，让雯帮着参谋一件合适的。雯看到首饰盒里有一枚很漂亮的钻戒，但是朋友一直没动它。

　　"为什么不试试这个？"雯问朋友。

　　"不，我不戴这个戒指。"朋友笑道。

　　"太贵重？"雯有些疑惑。

　　朋友摇摇头。

　　"是你先生给你买的第一件礼物？"雯想起许多关于爱情信物的故事。

　　朋友点点头："是的，不过还因为，我不知道这枚钻戒的真假。"

　　接着，朋友向雯讲述了这枚钻戒的故事："那时我们认识的时间不长，我丝毫不了解他的背景，仅仅是因为他这个人就爱上了他，他对我也是如此。定情之后，他说要送我一件礼物，于是一天晚上，我收到了这枚钻石戒指。

　　"我非常喜欢这枚戒指，就经常戴在手上，从没考虑过它的真假问题。可是我慢慢发现，很多人都对它有兴趣，常常询问它的真假。我答不出来，只好含含糊糊。也许他平常的打扮和我含混的说法为大家提供了判断的依据，使得大家都不约而同地认定这枚钻戒是假的，然而等到我们结了婚，孩子长到4岁后,大家又突然转变了看法。"

"为什么?"

"因为他们了解到我先生出生于商界豪门。"

朋友有些无奈地笑着道:"其实开始的时候他选择我,他父母亲都不同意,他是瞒着父母悄悄与我结婚的。"

雯默默地看着这枚闪闪发光的钻戒,说:"那么到现在你还是不知道它的真假吗?"

"不知道。"

"为什么不问问你先生呢?"

"为什么要问?是真是假又有什么关系?"朋友说,"再说,又应该怎样去问。我甚至认为一旦提出这个问题,这枚钻戒不管真假就都已经一文不值了。"

雯仔细地看着这枚不知是真是假的钻戒,思绪万千。是的,它是真是假又有什么重要的呢?这枚戒指既然是她的先生在困顿时为爱情献出的礼物,那么即使是假的,也如同是真的,因为那里面有一颗真心。我们不是珠宝商人,我们只是爱着同时渴望被爱的平凡女人,只要有爱情就足以让我们光彩照人,让我们幸福。

雯摩挲着那枚晶莹的钻戒,它在灯光下显得更加光芒璀璨,仿佛能够映射出尘世间所有的离合悲欢。雯终于明白朋友为什么不轻易戴它了,因为这不是一枚真假莫辨的钻戒,而是一颗饱含真爱的心。一颗心,怎么可以戴在手上呢?

# 把金子扔进池塘

两个墨西哥人结伴,顺着密西西比河淘金,但是在一个河汊处他们分开了,因为其中一个人觉得阿肯色河可以淘到更多的黄金,但另一个人认为去俄亥俄河实现淘金梦的机会更大。

15年后,去到俄亥俄河的人真的发了财,他在那里不仅淘到了大量的金沙,而且还修建了码头,铺设了公路,他落脚的地方也渐渐变成了一个大市镇——匹兹堡市。如今俄亥俄河岸边的这座大都市商业繁荣,工业发达。

但是去阿肯色河的人似乎就没有这么好的运气了,自从河汊分开后就没了音讯。有人说他已经葬身鱼腹,有人说他淘金失败回了墨西哥。直到50年后,一块重量接近3公斤的自然金块在匹兹堡引起轰动时,人们才了解到他的一些情况。当时,匹兹堡一位记者曾对这块硕大的自然金块进行了深度采访,他在报道中写道:"这颗整个美国最大的金块发现于阿肯色,是一位年轻人在他屋后的池塘里捡到的,从他祖父留下的日记看,这块金子是他的祖父很多年前扔进池塘里的。"

随后,报纸刊登了年轻人祖父的日记。其中一篇这样写道:今天早上,我在河边又发现了一块金子,比去年淘到的那块更大,我应该进城把它卖掉吗?那样的话成百上千的人都会涌向这里,我和妻子亲手用一根根原木搭建的棚屋,辛辛苦苦开垦的田地和屋后的池塘,还有晚上温暖的火堆、忠诚的猎狗、美味的烤鱼、森林、天空、草原，大自然赐予我们的珍贵的宁静与自由都将不复存在。我宁愿把这块金子扔进鱼塘，也不愿眼睁睁地看着我现在所拥有的一切从我眼前消失。

## 理想化作温情的歌曲

　　一个事业有成的人，在做人方面不一定也是成功的，而一个一事无成的人，或许做人很成功。但我们在看一个人时，往往只看他的事业是否成功。他的事业辉煌，我们就喝彩，他的所有优点都会被找出来；但是，如果他的事业黯淡，我们就会表现出不屑，而他的错误就会频频被发现。很多时候，我们只看重结果，而不关心有怎样的过程。正如一位作家所说："若能及时抵达，大部分人不会在意你是怎么来的。"当然，事业的成功标志着一个人的价值。但我们不能就由此推断，一事无成的人就没有任何价值。

　　19世纪初，美国人约翰·皮尔彭特从世界著名的耶鲁大学毕业后，遵从父亲的意愿，做了一名教师。但是，生性温和的约翰·皮尔彭特对自己的学生总是爱心有余而严厉不足，这在当时保守的教育界看来，是一件无法容忍的事。结果，他很快便被学校辞退了。

　　接下来，约翰·皮尔彭特做了一名律师，准备为维护法律的公正而努力。可正是这一美好愿望，最终毁掉了他的律师事业。他经常因为当事人是坏人而拒绝送上门的生意，白白地把优厚的酬金让给了其他律师。但如果是好人受到不公正待遇，他就会为之奔忙而不计回报。他这样的做法违反了当时美国律师界的潜规则，他不断受到排挤，最后被迫离开。

约翰·皮尔彭特的第三个职业是日用品推销员，如果他能够从过去的挫折中汲取教训，或许他会很快成为一个有钱人。但是，他根本看不到市场竞争的残酷，总是在谈判中给对方让利，而自己吃亏上当。

1886年，约翰·皮尔彭特去世，享年81岁。纵览他的一生，似乎一事无成。但是，有一首歌你肯定不会陌生："冲破大风雪，我们坐在雪橇上，在田野上奔跑，我们欢笑又歌唱，马儿铃声响叮当，令人心情多欢畅……"这首《铃儿响叮当》，就是出自约翰·皮尔彭特之手。在一个圣诞节的前夜，他写下了这首歌，作为礼物送给邻居的孩子们。朴实的歌词、明快的曲调表现了一颗美好的心灵对于幸福生活的向往，没多久这首歌就传遍了大街小巷，如今更是成为圣诞节里不可或缺的节日颂歌。

约翰·皮尔彭特偶尔为之的作品，为什么会有如此的魔力呢？或许因为那是他生命的声音。终其一生，他都相信生活是美好的，并为此而不懈追求。虽然他最终也没有获得成功，但他的理想和追求化作一首如此温情美妙的歌曲，打动了人们的心灵。

## 生活简单了，才有精力投入到热爱的事业

8岁时，他花5元钱买下了太平天国时的钱币"太平通宝"，现在这枚古币已升值至5万元，而且还是绝世孤币；从10岁起，他就开始收藏考证古代盔甲，如今他已是这一研究领域的顶级专家；12岁时，他成功破解了困扰中国考古界2000年的谜题"白金三品"，并由此成为中国年龄最小的古董鉴赏家……

郝笛出生在天津市一户普通人家。4岁时，父母下海经商了。从那时起，郝笛一直和爷爷住在一起。郝笛的爷爷最大的爱好就是鉴赏古董。受爷爷的熏陶，郝笛从小就对神秘的古董产生了兴趣。

上小学后，郝笛的班主任曾经多次告诉他父亲郝文敏，郝笛反应迟钝，不按时完成作业，不团结同学，等等。一天，老师打电话说郝笛上体育课时晕倒了。放学回家，在父亲的追问下，郝笛从床下拿出一个小布包，打开一看全是古董碎片和大大小小的古钱币。郝笛告诉父亲，为了买这些东西，自己这两年都没在学校吃过早饭和午饭。

大概就是从那个时候开始，郝笛就热衷于古董。父亲郝文敏到现在还记得，郝笛8岁生日时只让自己带他去古董市场玩。那天，郝笛花5元钱买下了一个直径15厘米的太平天国钱币"太平通宝"。郝文敏万万没想到这竟然是一枚孤币，当时的5元钱后来升值到了5万元！父亲没想到儿子搞古董收藏竟然比自己做生意赚钱还快，从此，他心里再也不把郝笛看作是年幼无知

的小孩了。

其实很多时候，父亲郝文敏希望儿子也像其他的孩子那样蹦蹦跳跳地玩耍，但是郝笛却整天闷在古币堆里。一天，郝文敏随手拿起一枚古币问郝笛："这个钱币是哪个年代的？"郝笛随意瞄了一眼说："是西汉早期的'榆荚半两钱'，只有0.2毫米厚，是至今发现的最薄的钱币。"接着，郝文敏又拿起一枚。郝笛马上说："这个是新疆的'龟兹无纹钱'，年代在两汉之间，是目前最小的古币。"

郝文敏经过长时间地观察后认识到，儿子爱好研究古董，与其强迫他做自己不喜欢的事情，不如顺其自然发挥他的特长！

从10岁起，郝笛开始收藏考证古代盔甲。12岁那年，一些清代的瓷器碎片在天津出土。当时郝笛在天津民间古董鉴赏界已小有名气，于是有人请郝笛去鉴定。郝笛到达考古现场后，将那些瓷器碎片分成3堆说："这堆是康熙年间的，这堆是雍正年间的，这堆是乾隆年间的，而这里可能是一个祭祀坛。"

考古专家们想不到年仅12岁的郝笛，竟已经能结合历史，鉴赏古董。直到这时，一些专家才开始相信郝笛认定的"白金三品"！原来，1994年，中国出土了一些"外文铅饼"的东西，上面"有似龙非龙似鸟非鸟的东西，下边是外文"。郝笛看了图片后认为这就是中国人几百年来一直在寻找的"白金三品"，但郝笛的判断在当时并没得到认可。

直到郝笛准确无误地鉴定出这些清代瓷器碎片后，专家才开始认真对待郝笛关于"白金三品"的推断。

至此，困扰中国古董界多年的谜题"白金三品"被天才少年郝笛破解了，这也初步确立了他在中国古董界的地位。

这就是中国古董界的少年天才——郝笛。发生在他身上的传奇经历数不胜数。如今的郝笛，刚刚28岁的年纪，身价已然过亿！并且他还是北京大学历史系最年轻的客座教授，全球多个博物馆最权威的专家。

多年来，郝笛一直保持着简朴的生活方式。从13岁开始，郝笛就夜以继日地研究古董，他早已习惯了自己没有床的房间。郝文敏曾给他20元钱让他买双鞋，他却只花3元钱在地摊上买回两只型号不同的鞋，左脚44号，右脚43号，那双鞋他穿了好几年。他的午餐通常只是两个包子，可是他却愿意花费近400万元人民币从一个日本汉学家手中买回6枚古钱。郝笛觉得生活越简单越好，因为生活简单了，他才能省出更多的钱和精力，投入到自己热爱的古董鉴赏中。

## 不失其赤子之心

孟子说："大人者，不失其赤子之心。"英国著名童话作家卡罗尔的一生非常形象地阐述了这句话。

据说，当年维多利亚女王看过《爱丽丝梦游仙境》的故事后，对故事的作者大为赞赏，于是她下令收集卡罗尔的所有著作，准备好好欣赏一番，结果收上来的除了描述扑克牌或文字游戏玩法的小手册之外，多是一些深奥难懂的数学论文。

卡罗尔的生活代表了现代人的一种特殊的生活方式："生活在别处。"他在自己的专业领域里并没有混得风生水起，却无心插柳地在另一个不经意的领域里玩得有声有色。22岁时，卡罗尔从牛津大学基督教堂学院毕业，并留在牛津大学执教终身。他的社会身份是牛津大学数学教授。

他的一生都以自己数学教授的身份为荣，却没想到自己的天赋竟然与他的数学专业在另一个神奇的世界里发生了化合反应，并放射出举世瞩目的光彩。卡罗尔在完成传世之作《爱丽丝梦游仙境》之后，又续写了《爱丽丝镜中奇遇记》。这两部童话都包含了许多数学、逻辑、益智游戏和各式各样奇特的英文诗，到卡罗尔1898年去世时，这两本书已成为英国最畅销的童话书籍。

数学教授并没有在他的数学领域做出重大贡献，他在数学研究上的事倍功半与他在童话创作上的光彩照人形成了有趣的对比。而令人难以置信的是，这部被后人评价堪与"莎士比亚最正经的书"并称的杰作，却是卡罗尔在和孩子们做游戏、讲故事时轻松完成的。更有趣的是，卡罗尔对自己的创作天赋浑然不觉。在《爱丽丝梦游仙境》发表时，他羞于用自己当大学教授的真名查尔斯·道奇森，随意起了卡罗尔这个笔名。结果查尔斯·道奇森这个数学教授的名字如今早已湮灭在数学的高山深壑中，而刘易斯·卡罗尔这个童话作家的笔名却仍然在童话世界里熠熠生辉。

数学教授卡罗尔和成年人相处时，通常沉默寡言，甚至木讷拘谨；但是和小孩子在一起时则轻松活泼乃至乐不可支。卡罗尔一辈子没结婚，但他非常喜欢小孩，尤其是乖巧伶俐的小女孩，却极其排斥长大成人的女孩。他在面对成年女性时会窘迫万分，说话甚至都会结结巴巴，这也就不难理解他为何一生独身了。他像是一个拒绝长大的孩子。当女人们聚在一起家长里短、眉飞色舞，男人们围坐在桌边谈论功名利禄、唾沫横飞时，他却宁愿钻到兔子洞里去。他单纯到没有丝毫心机，这也让他面对世俗社会时感到既乏味无聊又手足无措。

他去参加宴会时，别人都正襟危坐了，他却仍旧和几个孩子嬉笑玩闹得忘乎所以，扮成小狗一边狂吠一边追赶着孩子们闯进了主人家的大客厅，这是一幕滑稽到极点的场面：装饰豪华的客厅、衣冠楚楚的绅士、端庄优雅的淑女，忽然间，一群孩子尖叫着、推搡着破门而入，后面跟着趴在地上汪汪叫着冲进来的数学教授。大人们面面相觑，小孩子们则躲在窗帘后咯咯窃笑……

一本正经、心机深沉的大人，有几个能享受到童心天真的快乐呢？穿戴着峨冠博带、习惯于迎来送往的成年人，有几个能听懂来自孩童世界天真无邪的天籁之音呢？

小说《象棋的故事》里那个"除了下棋，他的无知在任何其他方面都一样博大无边"的怪人，恰恰与卡罗尔如出一辙。一个天才，很有可能在某些方面是个白痴。童心和心机，是水火不相容的两种心态，在一个人身上也是此消彼长的。一个人心机多了，童心势必就少了；蚌壳里的沙子多了，珍珠自然就少了；心田里的杂草多了，鲜花就少了。一个人短暂的一生，又能兼顾多少事儿呢？和道貌岸然的成人世界格格不入的卡罗尔，对于人情世故近乎无知的天才作家，像白蚁一样，用特殊材料为自己营造了一个独一无二的奇妙世界。

| 第七章 |

守住心中的孤芳

昙花酝酿一生，终会在万籁俱寂的深夜悄然绽放，虽孤寂一生，却铸就了璀璨的一瞬。命如昙花，经历恒久的磨砺终会灿烂一夏。

## 鸟儿飞翔在天空，天空是它的位置

鸟儿飞翔在天空，天空是它的位置；骏马奔驰在原野，原野是它的位置；猛兽出没于山林，山林是它们的位置；鱼儿潜游在清溪，清溪是它们的位置。你有你的位置，我有我的位置，大家各有自己的位置。

布恩·塔金顿是 20 世纪美国著名的小说家和剧作家，他的作品有《伟大的安伯森斯》和《爱丽丝·亚当斯》，均获得普利策奖，这是一项非常高的荣誉。

有一次，他受邀参加一个艺术展，在展览会上，两个小姑娘十分虔诚地请他签名。

"我没有带钢笔，用铅笔可以吗？"其实塔金顿带了钢笔，他只是想表现一下，身为一个著名作家谦和地对待普通读者的大家风范，没人会拒绝他的要求的。

"当然可以。"两个小女孩果然爽快地答应并非常高兴地接受了。一个女孩将自己精致的笔记本递给塔金顿。他取出铅笔，潇洒自如地写上了几句鼓励的话语并签上了自己的名字。

可女孩看过他的签名之后，将眉头皱了起来，她仔细地注视布恩·塔金顿，又看看他签的名字，问道："你不是罗伯特·查波斯？"

"不是，我是布恩·塔金顿，《伟大的安伯森斯》和《爱丽丝·亚当斯》的作者，两次获得普利策奖。"

接下来的一幕让塔金顿很受伤,只见这个女孩扭过脸来对另外一个女孩耸耸肩膀说:"玛丽,请把你的橡皮借我用用。"

那一刻,布恩·塔金顿感到无地自容,所有的骄傲和自负顿时化作乌有。

回到家里,塔金顿仍在为刚才的一幕感到难过。这时,他的儿子走上前来,给了他一个橘子。塔金顿的儿子非常喜欢吃橘子,可塔金顿不喜欢,就是再好的橘子也不吃。于是,儿子就劝爸爸说橘子富含维生素C,多吃对身体有好处。心情烦躁的塔金顿回答道:"再好的橘子我也不喜欢吃,因为我压根儿就不喜欢橘子的味道。"

话音刚落,他突然意识到了什么,立刻释怀地笑起来。原来,他顿悟了一个道理:哪怕再好的橘子,也照样有人不喜欢。人何尝不是如此呢?

我们无法做到让人人满意,即使你再成功、再优秀,也有人不喜欢你。所以我们要时刻提醒自己:无论你怎样卓尔不群,仍然会有人不喜欢你。

## 迟暮的岁月,赶上早年的爱情

能被一个人关心过、牵挂过、喜欢过、欣赏过既是幸运的,也是快乐的,它让我们知道,在人生的旅途中你不是寂寞的、孤独的、无助的。这份情会让你在以后的日子有更多的幸福和自信,把那份心动永远埋藏在心里,学会用含泪的微笑为对方祝福。

15岁时,伊丽莎白·巴蕾特在骑马的时候不幸从马上掉了下来,摔伤了脊椎骨,下肢瘫痪了,每天只能困守在楼上寂静的黑暗小屋里,在一只沙发上度过今生剩余的寂寞岁月。莎士比亚与古希腊诗人的作品是她唯一的慰藉。

然而，世界就是这样奇妙。1844年，已39岁的伊丽莎白结识了小她6岁的青年诗人罗伯特·勃朗宁，她的生命从此打开了新的一章。

勃朗宁成名比较晚，属于那种大器晚成的人。当一些与他同期的诗人名声大噪的时候，认识到他的天分的，只有少数的几个人，伊丽莎白即是其中之一。有一次，勃朗宁读到伊丽莎白的诗时，发现她引用了自己的诗句，感到莫大的欢愉和鼓舞。他迫不及待地给这位同行写信，仿佛俞伯牙遇到钟子期一般："亲爱的伊丽莎白小姐，您那些诗篇真叫我喜爱至极。"女诗人很快回信说："亲爱的勃朗宁先生，我从心坎儿深处感谢您。"

"一叶熏香"的恋情正式拉开了帷幕。

他们频繁地互通书信，交流写作心得，"彼此贡献早晚的灵感，彼此许诺忠实的批评"。最初五个月密切的通信，使伊丽莎白原本灰暗的生活豁然开朗，拥有了灿烂的光明。每一天她最开心的时刻，就是黄昏降临时听到邮递员的那一声叩门。

经不住勃朗宁的几次请求，伊丽莎白终于准许他去见她。他终于见着了她：又瘦又小的病模样，蜷伏在沙发上，客人来了都不能起身迎送！他的心里一下子涌起无限的悲悯……

第二天，伊丽莎白接到勃朗宁的一封求爱信。在迟暮的岁月里赶上了早年的爱情，让她既欢欣又自卑。那晚她整夜未眠，她还是退缩了，她"忍痛"警告他：再要如此，便一辈子不再见他。勃朗宁一下慌了，急忙写信去谢罪，解释前信只是感激话说过了头，请求退还原信。

那一次的"风波"过后，勃朗宁依然没有放弃。他住在伦敦的近郊，乡间空气的清新，红色的玫瑰、紫色的铃兰……不断地通过邮递员传递到伊丽莎白的闺房。伊丽莎白压抑着心底的爱,随着时间的流逝一天天成熟起来。如果一天接不到他的信和鲜花,她的心就不能安定下来。但她还是无法完全放开顾虑:他,一个健康的、伟大的人;我,一个只能躺着的病人。这对他公平吗?可爱情就是这样炽烈,幸福得让她眩晕。她不再辛苦地拒绝和坚持了,她需要走向新的生活。

爱,是一个伟大的奇迹。

在他们相爱的第二个春天,在沙发上蜷伏了25年之久的伊丽莎白,竟然奇迹般地恢复了健康。或许这正是爱情的魅力所在。伊丽莎白步履轻盈、愉快地走出了病室和囚笼,在阳光的照耀下,在小鸟的歌声中,呼吸着清新的空气。也就在那一段时期里,她写下献给她爱人的《葡萄牙人十四行诗集》,才华达到了她人生的巅峰。有人说,她的全部诗歌才华都在这部诗集里表现出来了,一举奠定了她在文坛上的地位。

可"无可通融的父亲"坚决反对她的爱情。1846年9月12日,由她忠心的女仆陪伴着,伊丽莎白来到离家不远的一个教堂,和她的爱人悄悄地结了婚。尽管没有得到父母的祝福,她却并不感到遗憾,且高兴地说:"因为我太幸福了,用不着呀!"一个星期后,她带着女仆、爱犬,还有这一年又八个月积聚起来的一封封情书,悄然离开了家门,栖居在著名的 Casa Euidi 岛上,从此过上了童话中的幸福生活。

这令人羡慕的幸福一直延续了15年。在这整整15年之中,他们形影相随,在罗马、巴黎、伦敦、柏林四处游玩。伊丽莎白给妹妹写信道:"我叮嘱勃朗宁千万不能逢人就夸他妻子跟他一起到这里去过了,到那里玩过了,好像有两条腿的老婆是天底下最稀奇的宝贝了。"

1861年春天的一个傍晚,勃朗宁夫人和勃朗宁说着话,温存地表示她的爱情。午夜时分，她觉得有些疲倦，便轻轻偎依在爱人的手臂上小憩。勃朗宁问她觉得怎么样，她轻轻吐出一个无价的字："Beautiful。"几分钟后，她的头垂下来，在爱人的怀抱中离开——"微笑的、快活的、容貌似少女一般"。

伊丽莎白曾在诗中写道："我如有其命，完全是他的爱一手救活。"

"Beautiful！"徐志摩也叹道，"他们的爱使我们艳羡，也使我们崇仰。"

## 你离天堂最近

只有清楚地知道自己曾去过何处，今后又要去往何方，生命才有意义，人生才会不留遗憾。

杰奎琳在28岁时，请了个非常有名的画家给她画像，一共画了90多张。她看后，只是冷笑，将其全部付之一炬。她最喜欢的一张照片是她60岁时拍的一张在云海之间裸奔，状若昂首向天飞的照片，她对女儿说："我在追自己！"

她是一个令人一言难尽的女人。在她的身后，一直尾随着喝彩与尖叫、辱骂与歌颂、仰慕与诅咒……但她无暇理睬。她娇艳风流、慧若神灵，她成了美国第一夫人，没人能为她作最后定义，包括她自己。

和世界上所有女人一样，她的命运也是从爱情起步。不同的是，她的目标是"能和我一起飞进天堂的男人"，这是她18岁的语言。她"绝不做家庭主妇"，24岁，她以她的政治眼光看好参议员肯尼迪，并很快与其结为伉俪。果然，在她26岁之时，肯尼迪当上了美国第35届总统，她要与丈夫一起征服美国。

她热衷于参加所有的政治活动，游走全世界，用各种语言发表演说。她的外交魅力让赫鲁晓夫、尼赫鲁、戴高乐等世界政坛人物惊叹着迷。

在她29岁时，肯尼迪被刺杀身亡。按所有人的推断，作为世界政坛巾帼英雄的她，绝不会退出。有人猜测她一定会参加新总统竞选，为国、为夫、为集聚于胸的政治抱负。一星期内，她收到了十几万封来信，人们异口同声地安慰她，极力地支持她，她苦笑了。她在日记里这样问自己："你是谁的？总统的？美国的？政治的？人们到底想要你怎样活下去？做美国寡妇？做政治和国家的贞节牌坊？"

她选择了——不！

她向全世界宣布：她将嫁给希腊最有势力的亿万富翁——船王奥纳西斯！她要走出肯尼迪的家门，离开美国，到希腊去过富足安稳的日子！

从政坛爱情走向生意爱情，金钱是她追求爱情天堂的一种物质条件，但金钱却是奥纳西斯的一切。两人没有共同语言，她开始读爱情小说和哲学名著，而奥纳西斯则满世界地去赚钱。最终，竟是奥纳西斯先感到厌倦，而后先她死去。对此，她在日记里写道："这次失败是必不可少的一次尝试，不是错，而是我追寻天堂的一段小路。"

46岁时，她走出人生的第三步，同样出人意料。她回到了美国，已富甲天下，按照人们的那些极端非议来说，她大可以回头争权，也可以恃财玩世，但她却做了一名公司小职员，勤恳敬业、不卑不亢，每月领着"微薄"的工资，没有私车，步行或坐出租汽车上下班。当人们传说她是为自己的过错忏悔时，她又有了新的情人，爱得深切浓烈，从不避讳人眼，更不理会任何传言。但情人向她求婚时，她却拒绝了：亲爱的，爱情之外，你是你自己的……她只是纯纯粹粹地爱他，直到72岁离开人世。

1994年,杰奎琳离开人世。女儿在她的灵前向世界宣称:"妈妈,你不是政治的,不是金钱的,不是人们的,你只是你自己的,你只是女人,你只要爱情,你成了总统夫人,你成了船王夫人,你成了纯粹情人,你都尝试了,你做到最好了,你离天堂最近……"

## 美是一种不带偏见的装饰与接纳

年轻的时候,我们总是容易一味地追求完美。其实人生的完美往往是由许多看上去不够完美的东西组成的。不完美使得完美有了生命力。那些自以为是的、孤立的完美往往会因脆弱而夭折。

在朋友夏的美容店遇见一位来化妆的女孩。

女孩是弹琵琶的,最近刚拿了一个国内的奖,这次化妆是因为要接受电视台的采访。

女孩说,她平日很少化妆,所以,夏给她抹一点淡妆后,她看上去很漂亮。但她的气色不是很好,可能是因为刚参加完比赛,脸上写着睡眠不足的苍白。她坚持不让夏给她用腮红,觉得俗气,会破坏她追求自然的完美。

夏温和地望着女孩:"你是我的顾客,我要对这里完成的作品负责,就像你要弹好每一首曲子。你可能觉得腮红俗气,但我比你更了解上镜的效果——腮红是为了平衡调节妆容的效果,它本身并不俗气,用得不好才俗气。你既然是上电视,就要对自己的形象负责,你一定不希望自己看起来是苍白的病态,我想喜欢你的听众也一定希望看到一个健康美丽的你。完美,不是孤立的。试试好吗?"

女孩不作声了。夏依据她的脸形为她薄施腮红,妆后的她明丽而动人。女孩看看镜中的自己,有点诧异,那抹腮红提亮了她的青春本色。

后来她和夏成了好朋友。

女孩告诉夏,那一抹腮红甚至影响了她对人生的看法。她的家庭算不上幸福,学了琵琶后她便一心埋在音乐中,追求技法的完美,为此忽略了许多:友情、爱情,以及一些琐碎的人生乐趣。她曾经以为那会消耗她对艺术的追求,而且和高雅的音乐比起来,那些都如一抹腮红般俗气。

她一直将自己封闭得很深很深,很少与人交往,自然也没有要好的朋友。旁人在她眼中,总是充满了让她无法忍受的缺陷。女孩在琵琶声中独自修炼着"完美"。那天夏的一番话却令她开始重新审视"完美"——完美不是曲高和寡,它是一种合力作用下的丰富。

山因水而更加伟岸,花因叶而更加动人,水墨因留白而更加空灵,美是一种不带偏见的尝试与接纳。

## 盐放得过多，就会咸得难以入口

　　自恋的人注定都是寂寞的，因为他们心里只有自己，认为自己才是最优秀的、最完美的，不愿意和别人接近，只喜欢自己和自己对话。但人是群居动物，长期地脱离群体会使人的心灵及精神都处于极度焦虑的状态，被孤独和寂寞吞噬。

　　听说过水仙的故事吧？在遥远的古希腊，有一个这样的传说，河神的妻子生了一个漂亮的男孩名叫纳西瑟斯。他的母亲得到神谕，说这个男孩长大后会成为天下第一美男子，但他最终会因为迷恋自己的容貌而郁郁而终。

　　为了避免神谕应验，母亲刻意安排儿子在山林间长大，远离溪流、湖泊、大海，远离一切能让他看见自己容貌的地方。如母亲所愿，纳西瑟斯平安地长大了。神谕说得没错，纳西瑟斯容貌俊美非凡，见过他的少女，无不深深地爱上他。可是纳西瑟斯性格高傲，对所有倾情于他的少女根本不屑一顾，只喜欢与朋友们在山林间打猎。

　　报应女神决定给他一点儿教训。一天，天气酷热，纳西瑟斯在野外狩猎，正当他热得大汗淋漓时，一阵清凉的微风吹来，他便循着风向前走，来到一个水清如镜的湖畔。这是一个陌生的环境，纳西瑟斯从未见过湖泊，出于好奇，他坐在湖边，想伸手摸一摸那是一种什么东西。就在他低头看水面的时候，看到了水中有一张完美的面孔，他不禁惊呆了，世间竟有如此的美人，是谁?他向水中人挥手,水中人也向他挥手;他向水中人微笑,水中人也向他微笑。可当他伸手想去触摸美人时,那美人却立刻消失不见,当他把手缩回来时,美人又再次出现,深情地望着他。

纳西瑟斯浑然不知浮现在湖面的美人其实就是他自己的倒影,他无法自拔地爱上了湖面上的倒影美人。为见到这个美人,纳西瑟斯日夜守候在湖边,不饮不食,不休不眠,目光始终不离水中的倒影。神谕应验了——纳西瑟斯因为迷恋自己的倒影,枯坐死在了湖边。

迷恋他的少女们得知纳西瑟斯死亡的消息后,纷纷赶到湖边,想好好安葬心上人的尸体。当她们来到湖边,却发现纳西瑟斯常坐的湖边长出了一丛清幽、脱俗、高傲、孤清、美丽的奇异的花。原来,爱神怜惜纳西瑟斯,就把他化成无名花,盛开在有水的地方,让他永远看着自己的倒影。

其实,每一个人多少都会有一些自恋,而且适当的自恋可以让自己变得更加自信。但如果自恋过度的话,可能会走向极端。就如生活中人们吃的盐一样,适当地放一些可以调和味道,如果放得太多的话,就会咸得难以入口。

## 你能为这个世界做些什么

彼得·巴菲特，是大名鼎鼎的"股神"沃伦·巴菲特的小儿子。

从 19 岁离开大学校园起，彼得就得自立，不能再用父亲的钱。很多人想不到股神的儿子也为工作和房贷奔忙多年。2006 年，股神巴菲特把自己的大部分财产约 370 亿美元捐给了比尔与梅林达·盖茨基金会，留给 3 个孩子每人 10 亿美元的慈善捐赠基金，只能管理，不能使用。

彼得不在台上时，总是穿着简单的灰黑色毛衣和蓝色牛仔裤。聊到高兴时，他会哈哈笑着伸出两手的食指和中指弯一弯，像兔子耳朵一般。

股神父亲给彼得的书写了序言："彼得的人生全凭他自己打造。他衡量成功的标准不是个人财富或荣耀，而是对广阔世界所做的贡献。彼得和我持有相同的观点，即这个世界并不亏欠你，而你应该最大限度地发挥自己的能力来为这个世界做些事情。我为彼得感到骄傲。"

彼得小时候，父亲沃伦·巴菲特还不太出名，也不算富有，还没有股神的名号。彼得要给家里做杂务，才能挣得很少的零用钱。

彼得十分崇拜父亲的工作状态，"虽然他的'手稿'中写的可能是市盈率和管理绩效各类等内容，但他却可以轻松地达到类似犹太祭司研究卡巴拉圣典那样的境界。他常常穿着卡其布裤子和一件破旧的毛衣从书房里走出来，身上带着一种几近圣洁的平静。"

彼得发现，即使变得越来越富有，父母依然没有什么改变。在自己的书中，彼得说："父亲至今还生活在那栋小屋里，80岁，每天高兴地开着用了20年的车去上班。他说自己幸运，不是因为有了巨大的财富，而是可以开心地做他喜欢的事情。如果你现在某天晚上去我父亲家，可能跟我8岁时看到的场景是一样的：父亲穿着普通的睡衣，坐在同一把椅子里，吃三明治和炸土豆片，享受生活。"

彼得17岁时，巴菲特的姓氏和一封来自《华盛顿邮报》发行人的推荐信，帮助他进入了斯坦福大学。但他并不十分开心，他追问自己："如果不是这些，我有资格和那些平均学分拿4分并拥有完美SAT考试成绩的学生在课堂上平起平坐吗？"他在书里说，"我从未真正确信自己有资格进入斯坦福大学。"

彼得花了3个学期，把大概20门基础课全部修习了一遍，而其他同学只是选修其中一部分。选主修课的时候，彼得犹豫了。"我到底要什么呢？我一直在寻找的是什么呢？"

从6岁开始，彼得就学习弹钢琴了。姐姐苏茜惊叹，这个小家伙连乐谱都不会认，竟已经比她这个上了8年钢琴课的姐姐还要弹得好。

虽然彼得喜欢弹钢琴，但他并不喜欢第一位钢琴老师的授课方式。那位严厉的老妇人，苛刻地强调技巧和指法，让彼得甚至不想学了。于是母亲给他换了一位授课老师，但喜欢流行乐的彼得还是不大喜欢。一直到大学，彼得换了4位风格不同的钢琴老师。"他们从不同的侧面激发我的创造力和想象力，令我有不止一种弹琴的方式。"

虽然一直与音乐相伴，但彼得并没确定音乐是自己的方向。高中时，他曾一度爱上摄影，甚至差点儿为此而退学。

"直到大学二年级的一个晚上，我朋友邀请我到他的宿舍去听一个吉他手的演奏，这改变了我之前对音乐的看法和我的人生。我从前以为，我必须技法足够优秀，才可以从事音乐，但这场演奏虽技法简单却如此美妙动人。我当时就想：音乐就该如此，我完全可以做到。"

回到公寓后，彼得就开始在一种狂热的状态下创作乐曲。他写了两首歌，打开录音机，边写边听边修改。"我不想要那些浮华的东西，也不希望有张扬的成分在里面。"

第二天早上，彼得坐朋友的车去海滩，带上了他那盘新录制的磁带在路上听，经历了一生中最奇妙、最震撼的感觉。"我打开车门，发现自己无法离开，简直无法移动。我被一种由责任和狂喜混合而成的引力，钉在了座位上。通过土褐色的二手本田扬声器，我听到了自己的未来。"

彼得决定去做音乐，"就像厨师一样，所有的材料都已就位，那么做菜的时间到了！"接着，他从斯坦福大学退学了。

股神父亲早就有言在先，只要彼得离开大学，就不再给彼得生活费。离开大学就得自食其力，这是传统。19岁的彼得以后得自己解决面临的问题了。

幸运的是，这时候彼得继承了来自祖父艾伯特的家庭财产，父亲把它转换成了伯克希尔·哈撒韦公司的股份，当时价值9万美元，并非巨额。

"我知道这是我当时唯一可以得到的财富。"彼得把它们投进了自己的音乐梦里——搬到旧金山租下小公寓，添置各种录音设备，建成一个小小的录音室。"当时，公寓里的录音室可不常见，很前卫，但实际上它只有很简单的设施。"

彼得在报纸上刊登分类广告，为人们提供录音服务，每小时35美元，每次会录几个小时，赚得一两百美元。

两年时间过去了，为音乐梦想而退学的彼得没有卖出一首曲子，只能免费赠送，不过，他却很开心。"一开始的想法非常重要，我没有奢望要多成功、多出名，没想过成为流行明星，我一开始只是想以做录音室谋生而已，能赚钱养活自己就挺好了。所以我不会失望，每天有点儿进步，就觉得很开心了。"

一天，彼得在旧金山某条路边洗自己的破旧汽车时，一位不太熟识的邻居刚好路过，两人闲聊了几句，邻居知道了彼得是作曲家，就介绍彼得去找自己的女婿，一位总需要音乐的动画制作人。

于是，彼得有了第一个工作机会——为一个刚刚成立的有线电视频道设计10秒钟的超短"插播广告"，报酬上千美元，一下子就超过了录音室赚的钱。彼得拿这笔钱又添置了些录音设备。

"我在心里欢呼，耶！我终于做到了！但也有点儿失望。10秒钟？除了一串叮当声，10秒还能做什么？"

很快，这个频道大火，被称为MTV，成了当时最热门的事物，甚至是20世纪80年代文化现象的代名词之一。

所以彼得这10秒钟大获成功。其他公司纷纷找上门来，邀请彼得为他们作同样类型的音乐，这次是30秒，1万美元。"这感觉太棒了！我意识到，我可以依靠作曲为生了。"

2006年，股神巴菲特宣布把大部分财产约370亿美元捐给比尔与梅林达·盖茨基金会。在此前3个月，彼得已经知道了父亲的想法，他的第一反应是打电话过去，告诉父亲：我真为你骄傲。

30岁那年，彼得想要换房子，于是第一次开口向父亲借钱，却被拒绝了。

"金钱会破坏我们纯洁的父子关系。你应该和其他美国人一样去贷款买房，然后凭自己的能力将贷款还上。"

"这是父亲爱我们的方式，他相信和尊重我们，我们可以靠自己成功。"

得到父亲给的 10 亿美元基金后，彼得和妻子詹妮弗将它命名为"NoVo"，这个拉丁单词意为"变化、改变或创造"。

2009 年，彼得和曾获"格莱美奖"提名的歌手阿肯一起为非洲孩子写了歌曲《血入金》，讽刺贩卖非洲儿童的人用孩子的血为自己赚取金子，呼吁禁止人口贩运。"年岁渐长，就与这个世界的联系越来越多，无法只关注于自己的小世界。我们需要学会理解我们自己之外的世界和人群，就像非洲的人口贩卖并非只关乎非洲的孩子，这也是我写书的原因之一。"

彼得开一辆跟纽约出租车一个款型的普通车。"有很多人把有牌子和型号的车作为有身份的标志，我觉得能在车里加上汽油，能去我想要去的地方，就挺好了。"他还不无得意地说，"我还有一辆车，1958 年在高中时买的，一直能开。我一直留着那辆车，因为它带给我很多美好的记忆，这很重要。而且，现在美国正好流行复古车嘛！"

他的一对双胞胎女儿，一个是艺术工作者，和室友一起租住在公寓里，朴素而快乐；另一个刚刚结婚，快当妈妈了。"她一定会是个好妈妈！"彼得说。

## 成功看似遥遥无期，却在悄悄到来

成功的道路上充满艰辛，每一个追求成功的人都不会一帆风顺。坎坷、无奈、寂寞、孤独常常伴随在他身边。在追求的过程中，当寂寞成为一种切身的感受，成为生活的状态时，成功看似遥遥无期，其实它已在悄悄到来。

在以色列的贝尔谢巴市，有一位年轻的装潢工人，纳贾尔·罗德，他来自200公里外的一个小镇，因为没有足够的钱，在贝尔谢巴，纳贾尔只能住在出租房里。因为工作不稳定的缘故，纳贾尔经常更换租住地，由于他是属于"自动放弃"，所以房东们大多数不愿意把提前交纳的房租退给他，这就等于每次搬家都要浪费他不少租金，纳贾尔对此也很烦恼。

有一次，公司安排纳贾尔去贝尔谢巴南部的一个工地做一些事情，当天晚上加班到很晚，下班时连公交车都没了，纳贾尔只能步行回家。走累了，纳贾尔就在一个小公园边的石椅上坐了下来，恨不得倒头就睡，但在这大马路边，如何能睡觉？

"如果走到哪儿就可以把房子带到哪儿，该有多好啊！"纳贾尔叹了一口气，就在这时他脑中突然灵光一现，心想："我自己不就是一个装潢师吗？为什么不自己动手做一个简易轻便的'房子'呢？"

第二天，纳贾尔就买回了许多建筑材料，之后他利用空余时间，两个月后造了一个4平方米的简易房子，底部装有四个轮子，顶部则是一个雨水收集和储藏装置,四周的"墙壁"则分别是衣柜、洗漱间等。最中间的部位,是一张可以活动的床板,天冷的时候可以睡在"室内",天热的时候,就可以把床板抽出来,睡在室外。最后,纳贾尔买来了涂料,把整座"房子"都涂成了清爽养眼的乳白色。

看着自己的杰作,纳贾尔开心地笑了。当天,他就叫了一辆车把"房子"拖到了自己工作地点附近的一个小公园旁,在里面住了下来。这个奇怪的建筑很快引起了无数人的好奇,巡逻警察见它并没有给别人造成不便,就没有干涉,只是提醒纳贾尔"好好保管自己的财产"。而更多的人,则走过来向纳贾尔打听这座"房子"是从哪儿买来的。

晚上,纳贾尔躺在床上时,心想既然有这么多的人来问,这是不是一个商机呢?第二天,纳贾尔尝试性地在自己的"房子"外贴了一张出售启事,没想到一天下来,竟然有20多个人打来电话想订购这种简易的"可移动的房子"。

纳贾尔立刻辞职租了一个闲置的私人场地,专门制造移动小寓所房。然后,他把生产出来的"房子"以每套75000谢克尔(约合6000元人民币)的价格出售了出去。许多商家也纷纷找到了纳贾尔,希望在不侵犯知识产权的前提下与其合作生产和销售这种独特的"房子"。这样一来,纳贾尔的移动房子生产得更加规范化和标准化了,市场也越来越大。

这种小房子受到了许多外来人员的热烈欢迎,他们纷纷买下安放在院子里、马路旁、公园边。日益增多的"移动小房子"当然也引起了贝尔谢巴市政府的注意,为了维护城市形象和住户的安全,他们在市里划分出许多闲置的公共区域,用来统一安置这些小房子,一来这样看上去更整洁美观,二来让居民们也相互有个照应。才半年时间,他们就在各个街边和公园边划分出了258个小型的"移动寓所区"和12个"大型移动寓所村"。

在一座座"简易房子"走进市场的同时，纳贾尔的小作坊也逐渐成了一家拥有百余名员工的中型公司，而他本人更是成为了一位小有名气的"蜗居富翁"。"纳贾尔用他的智慧，几乎解决掉了这座城市所有贫穷外来者的住宿问题。纳贾尔是我们这座城市的骄傲！"贝尔谢巴市的市长塔尔·埃拉尔先生用无比赞赏和自豪的语气对记者说。

/ 第八章 /
没有苦难的人生不是人生

没有苦难的人生，不能称其为人生。人生有高潮也有低谷，无论身处于何处，在拼命向上的时间里，耐心地等待，春天会来，花会开。

## 泡制美味人生

沉静、耐心，这些关于慢的字眼，似乎被人们冷落了起来。但正是这些缓慢的力量，才让人有了蜕变的时间，才让人有了更坚实的存在。在这个浮躁的社会中，耐心地走自己的路变得比以往任何时候都更为重要。

小慧和小刚是一对恩爱的新婚夫妻。有一次，因为小刚花钱大手大脚，他们在酒吧里发生了口角，彼此互不相让。最后，小刚愤然离去，只留下小慧在那里独自垂泪。

心烦意乱的小慧搅动着面前那杯清凉的柠檬茶，泄愤似的用匙子捣着杯中的柠檬片，这些未去皮的柠檬片已被她捣得不成样子，杯中的茶也有了一股柠檬皮的苦味。

小慧叫来了服务生，要求换一杯用剥掉皮的柠檬泡成的茶。

目睹了这一幕的服务生看了一眼小慧，没有说话，拿走那杯已被她搅得很混浊的茶，又送来一杯柠檬茶，只是，茶里的柠檬还是带皮的。

本来心情就不好的小慧更加生气了，她又叫来了服务生，"我说过，茶里的柠檬要剥皮，难道你没听清吗？"她斥责着年轻的服务生。

服务生看着小慧，他的眼睛清澈明亮，"小姐，请不要着急，"他说道，"柠檬皮经过充分浸泡之后，它的苦味会慢慢地溶解于茶水之中，使得茶水有一种清爽甘冽的味道。如果快速地把柠檬的汁液全部挤压出来，那样只会使茶变得混浊，口感很差。"

小慧愣了一下，心里突然有一种被触动的感觉。望着服务生的眼睛，她问道："那么，要浸泡多长时间才能把柠檬的香味发挥到极致呢？"

服务生笑了："12个小时。12个小时之后柠檬就会把生命的精华全部释放出来，你就可以得到一杯美味到极致的柠檬茶，但你要付出12个小时的忍耐和等待。"

服务生顿了顿，又说道："其实不只是泡茶，生活中的任何烦恼，只要你肯付出12个小时的忍耐和等待，就会发现，事情并不像你想象的那么糟糕。"

小慧看着他："你是在暗示我什么吗？"

服务生微笑："我只是在教你怎样泡制柠檬茶，顺便和你探讨一下用泡茶的方法是不是也可以泡制出美味的人生。"

小慧面对一杯柠檬茶陷入了沉思。

回到家后小慧自己动手泡制了一杯柠檬茶，她试着把柠檬切成又圆又薄的小片，放进茶里。

小慧静静地看着杯中的柠檬片。她看到它们在呼吸，接着张开每一个细胞，上面有晶莹细密的水珠凝结着。她感动了，她感受到了柠檬的生命和灵魂缓缓释放，慢慢升华。12个小时以后，小慧品尝到了她有生以来从未喝过的最绝妙、最美味的柠檬茶。

小慧明白了，这是因为经过时间的积淀，柠檬的灵魂完全融入其中，才会有如此美妙的滋味。

屋外门铃响起，小慧开门，看见小刚站在门外，怀里是一大捧她最喜欢的百合花。

"对不起，请原谅我。"小刚讷讷地说。

小慧笑了，拉他进来，在他面前放了一杯柠檬茶。

"让我们来一个约定，"小慧说道，"以后，不管遇到什么事，我们都不许向对方发脾气，要先想想这杯柠檬茶。"

"为什么？"小刚有些疑惑。

"因为，我们需要耐心。"小慧回答道。

他们恬静地品尝着柠檬茶的清香滋味，品味着生命的生动美妙。

惬意人生需要耐心，切记欲速则不达。春暖花开的时候，毛毛虫3兄弟在铁路边散步，它们都看到了对面草长莺飞，繁花似锦。老大说要绕过铁路去赏花，老二说我要在铁路上架一座桥后过去观景，老三一言不发，只是静静待在原处。几天之后，老大累死在路上，老二被路过的火车碾死，老三却等待着，直到自己结成了一个茧，然后破茧成蝶，扑打着翅膀，飞到了对面花丛中。

生命如茶，破茧成蝶，慢慢地等，细细地品，滋味无穷。

# 在低谷中蓬勃向上

人类的卓越成就离不开孤独和寂寞的淬炼。即使是平凡的你，只要能够耐得住寂寞，在寂寞中不断地奋斗，终有一天，你也会发出属于自己的光。

因为出生时恰逢 8 年抗战胜利之时，所以父亲就给他取名凌解放，谐音"临解放"，寓意期盼全国能够早日解放。果然，没几年全国就迎来了期盼已久的解放。全国是解放了，可是凌解放的父亲和老师们可伤透了脑筋。凌解放贪玩不爱学习，成绩太差，从小学到中学不断留级，一直到他 21 岁大龄的时候才勉强高中毕业。

高中毕业后凌解放参军入伍，成为一名支援国家建设的工程兵，驻守在山西。那个时候，他都是头上戴着矿工帽，脚上穿着长筒水靴，腰里再系一根绳子，每天下到数百米深的井下去挖煤。

他不甘心就这样稀里糊涂地过一辈子，每天浑浑噩噩。于是在每次收工后，他就一头扎进团部图书馆学习文化。刚开始也不知道怎么学，他就一本一本地仔细阅读，就连晦涩难懂的大词典《辞海》都从头到尾啃了一遍。

就是靠着这样的毅力，他独自一人度过了无数个不眠之夜，硬是坚持了下来。看的书多了之后，他发现自己十分喜欢与历史有关的文献和书籍，于是他就想方设法为自己找一些这方面的书籍阅读。

有一次，他无意间发现部队驻地附近有很多古老的破庙残碑，上面有很多文字。于是，他就利用休息时间，把镌刻在碑文上的古文全部抄写下来，然后带回去潜心钻研。要知道，这些石碑上镌刻的文字既无标点符号也没有注释，而且在书本上没有任何记载，要想理解其含义必须全凭他自己下苦功夫仔细琢磨才行。就这样，利用仅有的几本词典，他硬是将石碑上镌刻的所有古文全部都吃透了，在不知不觉中打下了扎实的古文学基础，即使像《古文观止》一类深奥的古文献，他读起来也已经十分轻松。等他从部队退伍时，他已经将团部图书馆的书全部读完了，这种学习为他日后的文学事业打下了坚实基础。

转业到地方后，他没有懈怠，依然保持了在部队时刻苦好学的好习惯，特别是对古文献的阅读面开始不断扩展。由于他对《红楼梦》有很深的研究，而且见解独到，古文学功底深厚，因此被吸收为全国红学会会员。1982年，他曾受邀参加了一次"红学"研讨会，加强交流。在研讨会上，各地的红学专家们从《红楼梦》谈到作者曹雪芹，又谈到曹雪芹的祖父曹寅，进而再聊到康熙皇帝的生平事迹。这时有很多红学专家感叹，在国内还没有一本专门详细介绍康熙皇帝生平的文学作品，实在是太遗憾了。这时，凌解放的脑海中突然间冒出"既然还没有人写，那我就写一本"的念头。

因为有着在部队自学时所打下的扎实的古文功底，所以在阅读关于康熙皇帝的第一手史学资料时，他几乎没费吹灰之力。经过几年的研究和不间断的努力写作，在1986年，凌解放以"二月河"的笔名出版了自己的第一部长篇小说——《康熙大帝》。从此，他心中的创作热情被彻底激发，就如同是迎春解冻的二月河，将他的人生谱写成一条激情澎湃、奔流不息的河流。

在人生的低谷中，保持一份孤独和寂寞就是在默默地为自己存储力量，在渊的潜龙必定是孤独寂寞的，只有这样才能渐渐地壮大自己。低谷中的寂寞是一种坚持、一种信念、一种暗藏的蓬勃向上的潜力。

# 苦难成就了他

逆境给人宝贵的磨炼机会。只有经得起环境考验的人，才能算是真正的强者。自古以来的伟人，大多是抱着不屈不挠的精神，从逆境中挣扎奋斗过来的。

1822年的冬天，庄严的音乐大厅里正在上演歌剧《费德里奥》，许多名门贵族都来观看这场演出。但在歌剧演出到一半的时候，观众忽然发现乐队、歌手无法协调，而指挥却毫无察觉，仍在台上竭力指挥着。

观众感到忍无可忍了，终于，他们开始在台下窃窃私语。指挥发现了这种情况后，他示意乐队、歌手重来，结果情况更加混乱。

有人大喊："让指挥下台。"

其实指挥此刻已听不见观众在说什么，但是从观众的神情中，他读懂了他们的反应。

从台上下来，他流泪了。

这是世界音乐史上一个值得纪念的日子，就在这一天，伟大的音乐天才贝多芬完全失聪了。

所有人都认为，在音乐上他不会再有所发展了。但是两年后，也就是1824年，贝多芬的《第九交响曲》在维也纳隆重上演。这首著名的曲子是他在失聪的情况下，在厄运不断地打击下写成的。由此，贝多芬完成了世界音

## 十余年的酝酿，终成《飘》

在一次为作家交流而举办的笔会上，许多人正高谈阔论，侃侃而谈。一位男作家看到他旁边坐着一个年轻女子，她始终面带微笑，聆听着别人的发言，而自己很少说话。于是，他忍不住地用一种轻慢的语气问道："小姐，你也是写小说的？"

女子侧过头看着他，微笑道："是的，我也是来参加笔会的。"

男作家说道："我已经出版了300多部小说了，请问小姐共出版了几部小说？"

女子笑了笑，淡淡地说道："我只出版了一部小说。"

那男作家听了，更显轻狂："噢，能告诉我你这部小说的名字吗？"

"我写的小说名字叫《飘》。"年轻女子轻轻地说了句。

听了这句话，男作家立刻惊得目瞪口呆，脑子一片空白，有点儿不知所措。停顿了好长一会儿，定了一下神，这位男作家站起身，走到那女子面前，深深地鞠了一躬，说："失敬，失敬，您才是真正的大作家啊！"

这位年轻女子就是美国著名的女作家玛格丽特·米切尔。米切尔用了10多年的时间，创作了一部关于美国南北战争时期的小说《飘》。这部小说一经面世，就打破了美国出版界的多项纪录，并被译成27种文字，在全世界销售量达到2000多万册。由《飘》改编而成的电影《乱世佳人》，被誉为"好莱坞第一巨片"。

# 抓住每一个细小机会，成功就在不知不觉间到来

挫折，是每个人都会遇上的事情。有的人面对挫折时手忙脚乱，不知如何是好，甚至有些人因为挫折而改变了原本的性情，变得苦闷不堪，悲观绝望。而有的人却能够把挫折当成是人生的考验，在身处困境之中时依然能够不忘记为梦想而奋斗，他们才是真正卓越的人。

他是意大利一个小镇上默默无闻的穷画家，在他的前半生中，他穷困潦倒，他的画一幅也卖不出去，因为没有人欣赏他的作品。他苦心创作的那些画，连果腹的面包也换不来，为此他常常饿着肚子。可是就是在这样的困境中，他仍然坚持创作。

在他30多岁的时候，为求得生存，深陷困境的他在无奈之下只好千里迢迢地去米兰，投身到一位热爱画画的公爵的门下。虽然这位公爵很喜欢画画，可是公爵对他的作品却并不欣赏，只是给他提供一些基本的生存条件。公爵很看不起他，认为他不过是一个平庸的画匠而已，以他的水平只能在街头给人画像。美术创作对他而言不过是一种狂热的、不切实际的奢想。

一天，公爵突发奇想，要在自己刚装修好的餐厅的空白墙壁上画上一幅壁画。公爵门下的好多画家听说这个消息后都争先恐后地涌上门来，希望能得到这个展示自己作品的机会。

他也去争取，可是公爵拒绝了他："这不过是一幅餐厅的壁画而已，很

无关紧要的,不劳您大驾了。"

可是他不甘心放弃这个机会,再三地恳求公爵。实在经不住他的百般央求,最后公爵把画餐厅壁画的工作交给了他。

开始工作后,他经常通宵达旦,一遍又一遍地勾勒草图,一次又一次地在那面墙壁前徘徊构思。几天过去了,他仍然迟迟没有动笔。公爵怕他耽误了工期就催促他:"这只不过是一幅餐厅的壁画,用不着那么劳心费神,随便画一幅就得了。"

但是他并不这样想。他并没有把这幅作品看成一幅普通的壁画,而是当成一件精品去做。在查阅了大量的资料后他开始动笔了,可是他并没有像公爵说的那样只是随便涂涂就匆忙完工。他每画一笔都很谨慎小心,有的时候有些地方甚至思考几天才动笔去画。

公爵来视察了好几次,看到他的进展如此缓慢,公爵就非常不满地对他说道:"你快点画!餐厅马上就要投入使用了。"就这样,街头画匠通常只要十几天就可以完成的壁画,他却画了整整三个月。

餐厅投入使用了。每一个来用餐的人都会被他的这幅壁画所吸引,往往到最后,公爵宴请的客人变成了讨论和欣赏这幅壁画,从此,他的名声大振。

几百年后,公爵餐厅里的这幅壁画成了世人皆知的一幅名画,它价值连城,这幅作品就是《最后的晚餐》,而他,就是世界美术史上最伟大的画家之一——达·芬奇。

就因为达·芬奇的这幅壁画,公爵餐厅里的那面普通墙壁也变得身价百倍。这里成为了西方美术史上的圣地,而达·芬奇也因此名垂千古。

再小的机会也有成功的可能,就看你愿不愿意像达·芬奇那样去抓住每一个细小的机会。

## 第九章 一季寒冬后的梅香

没有一帆风顺的旅途，没有不经风雨的人生。无论生活中充满了多少荆棘，我们都要小心翼翼地漫步前行。经历过蛰伏的寒冬，就能迎来一鼻的梅香。

## 谁怕，一蓑烟雨任平生

挫折是人生的常态，遭遇挫折时不应一味放大痛苦让其充塞心灵，应学会调适心境，坦然面对。

晚年遭受贬谪的苏轼面对人生的挫折，洒脱地吟出："莫听穿林打叶声，何妨吟啸且徐行。竹杖芒鞋轻胜马，谁怕？一蓑烟雨任平生。"正视挫折、淡化苦痛的平和心境，造就了苏轼的豪放词风。实际上，苏轼用象征手法写出了自己在突如其来的政治风雨面前内心的坦荡与气度的从容。

苏轼（1037~1101），字子瞻，号"东坡居士"，北宋眉州眉山（今四川眉山）人，是宋代著名的文学家、书画家。他与父亲苏洵、弟弟苏辙皆以文学名世，世称"三苏"，与汉末"三曹"（曹操、曹丕、曹植）齐名；与黄庭坚、米芾、蔡襄被称为最能代表宋代书法成就的书法家，合称为"宋四家"。

嘉祐元年（1056），虚岁21的苏轼首次出川赴京，参加朝廷的科举考试。翌年，他参加了礼部的考试，以一篇《刑赏忠厚之至论》获得主考官欧阳修的赏识，高中进士。

嘉祐六年（1061），苏轼应中制科考试，即通常所谓"三年京察"，入第三等，授大理评事、签书凤翔府判官。后逢其父于汴京病故，丁忧扶柩归里。熙宁二年（1069）服满还朝，仍授本职。

苏轼几年不在京城，朝廷里已发生了巨大的变化。神宗即位后，任用王安石开始变法。苏轼的许多师友，包括当初赏识他的恩师欧阳修在内，因在新法的施行上与新任宰相王安石意见不合，被迫离京。朝野旧友凋零，苏轼眼中所见的，已不是他20岁时所见的"平和世界"。

苏轼因在返京的途中见到新法对普通老百姓的损害，故很不同意宰相王安石的做法，认为新法不能便民，便上书反对。这样做的一个结果，便是像他的那些被迫离京的师友一样，不容于朝廷。于是苏轼自求外放，调任杭州通判。

苏轼在杭州待了三年，任满后，先后被调往密州、徐州、湖州等地，任知州。

这样持续了大概十年，苏轼遇到了生平第一桩祸事。当时有人故意把他的诗句歪曲，大做文章。元丰二年（1079），苏轼到湖州任职还不到三个月，就因为做诗讽刺新法，以"文字毁谤君相"的罪名，被捕下狱，史称"乌台诗案"。

苏轼下狱后生死未卜，在等待最后判决的时候，其子苏迈每天去监狱给他送饭。由于父子不能见面，所以早在暗中约好：平时只送蔬菜和肉食，如果有死刑判决的坏消息，就改送鱼，以便心里早做准备。

苏轼坐牢103天，几次濒临被砍头的境地。幸亏北宋在太祖赵匡胤年间即定下不杀言官、士大夫的国策，苏轼才算躲过一劫。

出狱以后，苏轼被降职为黄州团练副使（相当于现代民间的自卫队副队长）。这个职位相当低微，而苏轼经此次打击已变得心灰意懒，在办完公事之后便带领家人开垦荒地，种田帮补生计。"东坡居士"的别号便是他在这时为自己起的。

宋神宗元丰七年（1084），苏轼离开黄州，奉诏赴汝州就任。由于长途跋涉，旅途劳顿，苏轼的幼儿不幸夭折。汝州路途遥远，且路费已尽，再加上丧子之痛，苏轼便上书朝廷，请求暂时不去汝州，先到常州居住，后被批准。当他准备南返常州时，神宗驾崩。哲宗即位，高太后听政，新党势力倒台，司马光重新被起用为相。苏轼于是以礼部郎中被召还朝。在朝半月，升起居舍人，三个月后，升中书舍人，不久又升翰林学士。在此期间，苏轼处在人生的顺境之中，但依然坚持他的淡泊。"人在玉堂深处"时，却怀念黄州东坡雪堂"手种堂前桃李，无限绿阴青子"；他还告诫自己说："居士，居士，莫忘小桥流水。"元祐六年（1091）三月，自杭州知州入为翰林学士承旨时作《八声甘州·寄参寥子》词，偏要表白自己："谁似东坡老，白首忘机。"苏轼这种在顺境中淡泊自守的品格难能可贵。

俗话说："京官不好当。"当苏轼看到旧党势力拼命压制王安石集团的人物及尽废新法后，认为其与所谓"王党"不过一丘之貉，再次向皇帝提出谏议。

苏轼至此是既不能容于新党，又不能见谅于旧党，因而再度自求外调。他以龙图阁学士的身份，再次来到阔别了十六年的杭州当太守。苏轼在杭州进行了一项重大的水利建设，疏浚西湖，用挖出的泥在西湖旁边筑了一道堤坝，这就是著名的"苏堤"。

苏轼在杭州过得很惬意，自比唐代的白居易。但元祐六年（1091），他又被召回朝。但不久又因为政见不合，被外放颍州。

元祐八年（1093）新党再度执政，他以"讥刺先朝"罪名，被贬为惠州安置、冉贬为儋州（今海南省儋州市）别驾、昌化军安置。徽宗即位，调廉州安置、舒州团练副使、永州安置。元符三年（1100）大赦，复任朝奉郎，北归途中，卒于常州，谥号文忠，享年66岁。

的确，苏轼的一生曾有人用"霉"字以蔽之，甚至上升到风水上面，说他是"生在眉山，倒了霉运"。对于苏轼这样一个做过大官的文学天才，而且在北宋无人不知无人不晓，一贬再贬的仕途怎一个"霉"字了得？但苏轼之所以是苏轼，不仅在于他有"大江东去浪淘尽"的豪放，更重要的还在于他有"一蓑烟雨任平生"的洒脱。官贬便贬了，写出来的词极少有幽怨之作，依然是那么地豪气冲天，对待生活还是那么地积极，这也看出他人生境界的高远。

## 没有经历过失败的人生不是完整的人生

人生是什么？得意者说它是美酒；失意者说它是苦水；成功者说它是彩虹；失败者说它是阴云。人的一生不可能总是平平坦坦、风平浪静。在这条漫长的旅途中，我们总难免会遭遇到大大小小的挫折与失败，没有经历过失败的人生不是完整的人生。没有河床的冲刷，便没有钻石的璀璨；没有挫折的考验，也便没有不屈的人格。

哈佛所有的毕业生们：

首先我要说的是："谢谢你们。"这不仅因为哈佛给了我非比寻常的荣誉，而且这几个星期以来，由于想到这次演说而产生的恐惧让我减肥成功。这真是一个双赢的局面！现在我需要做的就是一次深呼吸，眯着眼看着红色的横幅，然后让自己相信正在参加世界上受到最好教育群体的哈佛毕业典礼大会。在今天这个快乐的日子，在我们聚在一起庆祝你们获得学业上的成功的时候，我决定和你们谈谈失败的收益。

对于我这样一个已经42岁的女人来说，回头看自己21岁毕业时的情景，并不是一件舒服的事情。我的前半生，我一直在自己内心的追求与最亲近的人对我的要求之间进行一种不自在的抗争。

我曾经确信我自己唯一想做的事情是写小说。但我的父母都来自贫穷的家庭，都没有上过大学，他们认为我异常活跃的想象力只是滑稽的个人怪癖，并不能用来付抵押房贷，或者确保得到退休金。他们十分希望我再去读个专业学位，而我却想去攻读英国文学。最后，达成了一个双方都不太满意的妥协：我改学外语。可是等到父母一走开，我立刻报名学习古典文学。

现在我忘了自己当时是怎么把学古典文学的事告诉父母的了，他们也可能是在我毕业那天才第一次发现这件事情。在这个星球上的所有科目中，我想他们很难再发现一门比这个更没用的学科了。

我想顺带着说明，我并没有因为他们的观点而抱怨他们。现在已经不是抱怨父母引导自己走错方向的时候了，如今的你们已经足够自己做主来决定自己前进的路程，责任要靠自己承担。而且，我也不能批评我的父母，他们只是希望我能摆脱贫穷。他们以前遭受了贫穷，我也曾经贫穷过，对于他们认为贫穷并不高尚的观点我也坚决同意。贫穷会引起恐惧、压力，有时甚至是沮丧。这意味着小心眼、卑微和很多艰难困苦。一个人通过自己的努力摆脱贫穷，确实是一件很值得自豪的事情，只有傻瓜才对贫穷本身夸夸其谈。

我在你们这个年龄时，最害怕的不是贫穷，而是失败。

在你们这个年龄，虽然我明显缺少在大学里学习的动力，花了很多时间在咖啡吧写故事，很少去听课，但是我知道通过考试的技巧，当然，这也是许多年来评价我以及我同龄人是否成功的标准。然而，你们能从哈佛毕业这个现实表明，你们对失败还不是很熟悉，对于失败的恐惧和对于成功的渴望可能对你们有相同的驱动力。

当然，最终我们所有人不得不为自己决定什么是失败的组成元素，但是如果你愿意的话，这个世界很愿意给你一大堆的标准。根据任何一种传统标准，可以说，仅仅在我毕业7年后，我经历了一次巨大的失败。我突然间结束了一段短暂的婚姻，并失去了工作。作为一个失业的单身妈妈，在这个现代化的国家，除了不是无家可归，你可以说我要多穷就有多穷。我父母对于我的担心，以及我对自己的担心都成了现实，从任何一个通常的标准来看，这是我知道的最大失败。

现在，我不会站在这里跟你们说失败很好玩。我生命的那段时间非常地灰暗，那时候我还不知道我的书会被新闻界认为是神话故事的革命，我也不知道这段灰暗的日子要持续多久。那时候的很长一段时间里，出现的任何光芒都只是希望而不是现实。

那我为什么还要与你们谈论失败的收益呢？仅仅是因为失败和脱离失败后，我找到了自我，不再装成另外的形象，我开始把我所有的精力全部放在我关心的工作上。如果我在其他方面成功过，我可能就不会具备要求在自己领域内获得成功的决心。我变得自在，因为我已经历过最大的恐惧。而且我还活着，还有一个值得我自豪的女儿，我有一台陈旧的打字机和很不错的写作灵感。我在失败堆积而成的硬石般的基础上开始重铸我的人生。你们可能不会经历像我一样如此大的失败，但生活中遭遇失败是无法避免的。永远不失败是不可能的，除非你活得过于谨慎。

失败给了我内心的安宁，这种安宁是顺利通过测验考试所得不到的。失败让我认识自己，这些是没法从其他地方学到的。我发现自己有坚强的意志，而且，自我控制能力比自己想象的强得多，我也发现自己拥有比红宝石更真的朋友。从挫折中获得的知识更充满智慧、更富有活力，它会使你在以后的生存中更安全。除非遭受磨难，你们不会真正认识自己，也没法知道你们之间的关系有多牢固。这些知识才是真正的礼物，它们比我曾经获得的任何资格证书更为珍贵，因为这些是我经历过痛苦后才得到的。

在我的演讲快要结束时，我对大家还有最后一个希望，这是我自己在21岁时就明白的道理。毕业那天和我坐在一起的朋友后来成了我一生的朋友。他们是我孩子的教父母；他们是我碰到麻烦时能寻求帮助的人。在我们毕业的时候，我们沉浸在巨大的情感冲击中，我们沉浸于这段再也无法重现的共同时光内。当然，如果我们中的某个人将来成为国家首相，我们也沉浸于能拥有极其有价值的相片作为证明的兴奋中。

因此今天，我最希望你们能拥有同样的友情。到了明天，我希望即使你们不记得我说过的任何一个字，但希望你们能记住塞内加，他是我在逃离那个走廊，回想进步的阶梯，寻找古人智慧时碰到的另一个古罗马哲学家，他说过的一句话："生活如同小说，要紧的不是它有多长，而在于它有多好。"

我祝愿你们都有幸福的生活。

谢谢大家。

这是《哈利·波特》的作者罗琳女士于2008年6月5日参加哈佛大学的毕业典礼时的一段演讲。她被授予哈佛荣誉学位，并作为特邀嘉宾做了精彩的演讲。

## 快乐在身边

苏格拉底说："其实快乐并不需要刻意去寻找，它就在我们每个人的身边，只要你们融入生活，有目标、有追求，投入地去做一件事情，并做好每一件事，那么快乐就会如约而至。"

美国一本杂志上曾登过一篇文章，说第二次世界大战时，有个士官在瓜答卡纳岛战役中被炮弹碎片剐伤喉咙。他写了张纸条问医师："我能活下去吗？"医师回答说："能。"他又问："我还能讲话吗？"他又得到了肯定的答复。于是这个士官在纸上写道："那我还有什么好担心的？"

此时此刻，你为什么不停止忧虑，说一句："我还有什么好担心的？"也许你就会发现，事情其实微不足道，不值得你如此操心。

罗根·史密斯说过一句极富哲理的话："人的生命中只有两个目标：其一，追求你所要的；其二，享受你所追求到的。只有最聪明的人才可以达到第二个目标。"

很多人都有这种体会：当自己春风得意之时，便会感觉生活处处充满阳光；而一旦遇到困难或身处逆境时，就觉得生活灰暗，甚至感到世界的末日即将来临。其实，我们每个人拥有90%的长处，而只有10%的不足。问题是，你如何发现和对待这90%与10%的关系。当你拿自己的90%与他人相比时，你不禁会感叹：啊，原来我如此富有！

当艾迪·瑞肯贝克和朋友在太平洋上绝望地漂流了 21 天之后，说道："我学到了一点——人只要有淡水喝，有东西吃，就没什么好抱怨的了。"

生活中，约有 90% 的事情是好的，10% 的事情是不好的。如果你想过得快乐健康，就应该把精力放在这 90% 的好事上面；如果你想着担忧、操劳，或得消化不良症，就可以把精力放在那 10% 的坏事情上面。

《格列佛游记》一书的作者斯威夫特是英国文学史上最颓废的厌世主义者。每次过生日时，他都黑衣素食，以示对自己来到这个世界感到遗憾。虽然如此，他仍然赞美幸福是促进健康的最大力量。他说："世上最好的医师是节制医师、安静医师和快乐医师。"我们也许都能受到这位"快乐医师"的免费服务，只要我们注意自己拥有的可贵财富——比故事中阿里巴巴的财富还多。你会向亿万富翁出卖自己的眼睛、手足、听觉、孩子或家人吗？把你拥有的资产加起来，你就会发现，纵使把比尔·盖茨、巴菲特等人所有的金银堆聚起来，也买不到你所拥有的一切。

但是，你为这一切而心怀过感恩吗？没有。就像叔本华说的："我们很少想到自己所拥有的，却总是想到自己所没有的。"这就是人世间最大的不幸。

著名作家梭罗每天早晨的第一件事，是告诉自己一个好消息。然后，他会对自己说："我能活在世间，是多么幸运的事。如果没有出生在这个世界上，我就无法听到踩在脚底的雪发出的嘎吱声，也无法闻到木材燃烧的香味，更不可能看见人们眼中爱的光芒。"于是，他每一天都满怀对生命的感激之情。

其实，快乐的经历也许正如花的芳香，或者是从窗帘中透过的金色阳光，或者仅是一句赞美的话、一个小小的善举、一首优美的乐曲。但是，你必须在睡觉前去寻找这样快乐的体验，这是你入睡前最有价值的一件事。

## 天地间原本如此澄明

人是一种敏感的生物，他们有思想、能思考，喜欢想事情，同时也喜欢把简单的事情想复杂，给自己带来一些不必要的心理压力。太在意某一件小事反而会让它弄巧成拙。倘若你用平常心去对待小事，小事又怎么能算是事呢？一张白纸上有一个小黑点，你拿放大镜去看它，白纸又怎么会显得不脏？若你只是看白纸空白部分，那小黑点几乎可以略过不提。

师徒二人离别了一年，彼此十分挂念。一日二人相见，师父问："徒儿，你这一年都做了些什么事？"

徒弟回答："徒儿开垦了一小片荒地，种了一些庄稼和蔬菜，每天挑水浇地、锄草除虫，收成很好。"

师父赞许地说："你这一年过得很充实呀！"

徒弟便问："师父，您这一年都做了些什么事？"

师父笑着答道："我过了白天就过晚上。"

徒弟随意地说道："您这一年过得也很充实呀！"

刚说完，徒弟就觉得自己这样说很不妥，话语中似乎带着讽刺的味道，于是涨红了脸，情不自禁低下了头，心想："我这样说，师父肯定以为我在取笑他，我实在是太不应该说这样的话。"

徒弟的窘态早就被师父看到了，就在徒弟想着如何补救的时候，师父说话了，他说："只不过是一句话，你为什么要看得那么严重？"

徒弟仔细一想，明白了师父的用意："偶尔的小疏忽，或无意的小过失，只要不是成心那样做的，又没引起什么严重的后果，那就随它去吧，没有必要老是把它放在心头，耿耿于怀。"

想到这里，徒弟便对师父说："师父我们开始上课吧！"

师父赞许地点了点头。

生活中，人们总是太在乎别人怎么说、怎么看了，因此经常被一些不必要的事情烦扰，怕别人责怪而自责、怕别人取笑而自卑、怕难堪而自闭。

在一位老人的笔记本上，记着他得意时感受最深的一句话："不必在意别人是否喜欢你、是否公平地对待你，更不要奢望每个人都会善待你。"

如果某一天你突然发现一个同事对小李、小王很好，但对你却不冷不热，可你想不出曾做错什么，想不出什么地方得罪了他，这时，你不必惊慌、更不必烦恼。在一次次的自问和猜测中，你耗掉的是自己的时间，消磨掉的是自己的信心。其实，其他人对你的态度并不能改变什么实质性的东西，或许本来就不是你的问题，你何必因此而焦虑呢？

不必在意别人的窃窃私语，不必费心去揣测别人怎样评价你，不必在意微小的得失，那只是成长路上的一个小插曲。豁达一点、超然一点，平静喜悦地走过每一个日子，然后再回过头想想所经历的是非得失、喜怒哀乐，你会发觉眼前突然变得明亮开朗，原来，生活还是充满了阳光的。把时光留给自己，读自己喜欢的书，聆听自己喜欢的音乐，拥抱一下大自然……生命中值得留意的东西有很多，实在不值得你去介意别人的态度。

如果想活得开心、活得有意义，就不必在意一些无关紧要的小事。不要把自己的时间和精力用在自寻烦恼和寻找人际关系的障碍上，能给我们包袱的只是我们自己。别人的留意只是一时的，你自以为不得了的糗事，过一段时间以后，再去问别人是否记得当时的情景，很多人肯定已经没有一点儿印象了，甚至有人已经忘记你是谁了。

人活着，最重要的是自己怎么看，而不是别人的想法，根本不必为一些小事烦心。风吹雨过，烟消雾散，天地间原本是如此澄明，为何要让自己背着沉重的包袱呢？

## 坚持，让世界更真

人生难免会遭遇挫折，然而，人们对待挫折的态度却各不相同。一位知名人士曾说过："人类中，谁都不能回避不幸的阴影，在这种时刻，各人凭自己的修养来对付：圣人就像圣人，勇士就像勇士，普通人就像普通人，愚者就像愚者，善人就像善人，恶人就像恶人，各人的本性在这种场合暴露无遗。"同一种境遇，由于各人的品性不同，所采取的态度千差万别：有些人就此陷入不幸的深渊，而有些人在遭到灾难的袭击后，成为坚强的搏击者。

1920年，海伦·托马斯出生在美国肯塔基州的一个移民家庭。家里有9个孩子，她排行第七。尽管父母一字不识，但海伦却对文字有一种莫名的情感。于是，12岁那年，她在班里大声宣布，长大后一定要成为一名出色的记者。

22岁时，海伦从韦恩州立大学毕业。她不顾父母的反对，以探寻堂姐为由，义无反顾地留在了华盛顿。因为她知道，如果想要实现心中坚定不移的梦想，就一定得驻足在这个以政治为中心的城市。

海伦怀着无比激动的心情，开始了第一份工作。虽然这份工作仅仅只是在报社里面打杂，但她知道，只要自己努力坚持，将来就一定会成为报社记者。

如她所愿。几年后，她终于凭借自己的努力，成为了该报社的一名普通记者。但遗憾的是，她不幸碰上了报社的大幅裁员。没有任何业绩的她，自然遭到了解雇。

海伦的生活陷入一片混乱，但她并没有就此放弃自己的梦想。她一直在默默坚持，等待某个机会。这一等就等到1960年，肯尼迪当选总统，海伦被调入合众社白宫记者站，从此开始了让她璀璨一生的事业——白宫报道。而这年，海伦已40岁。

她本以为她就此便可以进入白宫，参加举世瞩目的记者招待会。可那时，白宫根本不允许女记者参加任何重要的记者招待会。但海伦不甘心，一次，海伦瞅准了机会向肯尼迪抗议："如果作为美国合法记者的我们都不能参加的话，那么，你也不能参加！"海伦的正义之词，立刻得到了无数女记者的高声呼应。

肯尼迪迫于无奈，不得不同意女记者也可以参加白宫举办的记者招待会。从此，庄严肃穆的白宫内厅，涌现出了越来越多的女记者。

之后的许多年里，海伦几乎总是第一个站起身来向总统发问的白宫记者，而且她的问题刁钻古怪，一针见血。也正是因此，1975年，她毫无悬念地成为了白宫记者团团长。

每次参加在黄金时间内面向全国现场直播的记者招待会时，作为白宫记者团团长的海伦就会神情肃穆地戴上两只手表，以便把时间准确地控制在30分钟以内。时间一到，不论采访是否结束，她都会理直气壮地站起来宣告："谢谢您，总统先生。"

有一次，里根在白宫记者招待会上遇到了尖锐问题的狂轰滥炸，他十分艰难地应对了25分钟后，终于忍不住扫了一眼海伦，眼神似乎是在求救："可以结束了吗？"海伦对了对表，然后摇摇头，坚定地告诉他："总统先生，还有整整5分钟！"

某报纸曾对海伦如此评价："不用怀疑，40多年以来，当这个女人走近时，总统们就会发抖。她有刀子似的舌头和利剑般的智慧。"而她却在自己的新书中，作此回答："多年来，我总有机会质问这个国家最有权力的公仆——美国总统。我承认，对这个职位我抱有敬畏，可并不是对占据这一职位的那个人，因为，我们的职责不是去敬仰一个领导人多么位高权重，而是不时地把他们搁到聚光灯下，看看他们是否有负民众的信赖。"

这位言辞犀利、连续向9任总统发难的女人，不但没有失去她应有的光环，反而让总统们对她越发敬重。

1984年，里根在她获得美国新闻俱乐部"第四权利奖"的时候，专门祝贺："你不仅是一个优秀的、受尊敬的专业人士，同时你也已经成为美国总统的一部分。"

1995年，海伦75岁生日的时候，当政总统克林顿前来贺寿，并赠送她一份尤为珍贵的礼物——为时15分钟的独家专访。

1998年，白宫记者团在政府的支持下，以海伦的名字，设立了海伦·托马斯终身成就奖。她成为了第一位获此殊荣的女记者，也成为了全世界名副其实的"新闻界第一夫人"。

综观历史，多少出类拔萃者之所以能出类拔萃，很重要的一点就是，他们决不认输，无论面对多么大的挫折，他们都不会低下高昂的头颅，放弃自己的梦想。这世界要想发出真实的声音何其困难，但海伦从未惧怕，虽历经波折，但她的坚持让世界变得真实了一点。

## 一次又一次勇敢地站起来

她是一个美国女孩，从小就十分迷恋冰雪，7岁时开始练习滑雪，并很快展露出过人的天赋，于是，她梦想成为一名世界级的滑雪选手；14岁时，她已经成为全世界最优秀的少年滑雪运动员之一；16岁时，她入选美国国家队。

2004年1月，她首次站上世界杯的领奖台；当年12月又首次获得世界杯分站赛冠军。但2005年在意大利举行的世锦赛上，她却与奖牌失之交臂。2006年都灵冬奥会，她是最大夺冠热门。然而就在比赛开始前两天，她在训练时摔倒受伤，尽管她忍着背部和骨盆的伤痛参加了四项比赛，但均与奖牌无缘。

从此，她厄运不断，伤病连连。2009年2月，虽然她在法国高山滑雪世锦赛上夺得两金，却在开香槟庆祝时伤到了右手拇指，险些被截肢；12月在加拿大举行的世界杯分站赛上，她获得速降赛冠军，但膝盖不慎撞到下巴上，舌头被咬得鲜血淋漓；同月28日，她在奥地利林茨参加大回转比赛时滑雪板被凸起的雪块硌了一下，整个人飞了起来，然后重重地摔在雪面上，造成左手腕骨严重瘀伤。

她摔得很重，正常情况下膝盖撕裂都是很有可能的。所以当医生说她只是胳膊断了时，她的丈夫托马斯·沃恩松了一口气。而她听到后马上就问医生，怎样才能拖着断了的胳膊继续滑雪！一般的运动员受伤后都要休息几个

195

月甚至数年才能恢复，而她却连一声叹息都没有，丈夫称她是特殊材料打造的。

就这样，在2009赛季中她获得七项世界杯冠军，包括速降项目的全部五项赛事。她还连续三个赛季夺得世界杯总冠军。然而就在2010年2月开始的温哥华冬奥会开幕前夕，不幸再次降临。她在奥地利的一次训练中右腿胫骨受伤，整整一个星期无法训练，这让她的心理和身体都承受了巨大的压力和痛苦。要知道，高山滑雪的速度高达120公里每小时，相当于一辆汽车在高速公路上奔驰，这样的高速对运动员的胫骨冲击非常大。而冬奥会赛场上这条从起点到终点落差770米、全长2939米，号称世界难度最大的赛道，让很多怀揣着奥运梦想的运动员们望而却步。于是，曾一度传出这位夺冠热门要退赛的消息。

再次遭遇伤病的她，生怕发现自己的胫骨骨裂，从而影响比赛情绪，于是她强忍伤痛，拒绝接受X光检测。幸运的是，比赛地惠斯勒山区赛前几天雨雪不断，高山速降的训练和比赛被接连推迟，她因而得到了宝贵的疗伤时间。

她又一次站在冬奥会高山速降的赛场上。伤病曾无数次宣判她的"死刑"，但她又一次勇敢地站了起来。这个没有被命运眷顾的女孩，用自己的天赋和努力吸引了全世界的目光。

出发令一响，她就急速射出，像一只矫健的雄鹰，在白茫茫的雪山上盘旋翱翔。她又一次战胜了自己，战胜了对手，摘得桂冠。她成为美国历史上第一个获得该项目金牌的女运动员。

她就是有"冬奥会第一美女"之称的美国选手林赛·沃恩。

"为了得到这个冠军，我等了四年，这四年时间里，我一直在为这枚金牌努力着，现在我是最幸福的人。"手捧金牌，沃恩激动得哭了，"伤病对我的确有影响，但当我一站在赛场上，就不会考虑其他任何因素，我要为我的汗水和之前所做的努力负责。"

2011年2月，林赛·沃恩首度获得2011年劳伦斯世界体育奖"年度最佳女运动员"这一殊荣，可谓实至名归。

站在梦想的赛道上，心无旁骛，坚韧不拔，奋勇向前，就一定能梦想成真，登上成功之巅，书写人生的灿烂与辉煌。

## 天籁之音是如何唱响的

2007年9月6日，被誉为世界三大男高音之一的帕瓦罗蒂因胰腺癌在纽约家中逝世，享年71岁。

帕瓦罗蒂是一位令人高山仰止的天才男高音歌唱家。人们听到他的名字就会想到他那晶莹圆润的歌喉，他具有非常完美的音色，在两个八度以上的整个音域里，所有音都能够迸射出明亮、晶莹的光辉，一般男高音畏之如虎的"高音C"，他也能唱得清畅、圆润而富有穿透力，因而被人称赞为"高音C之王"。但令人难以置信的是，他并不识谱，而是依靠耳朵和他自己的符号替代音符系统来学习唱歌的。他一生致力于慈善事业，令世人称道，天才的背影与绝唱的音乐更令人永远怀念。他的辞世似一颗明亮的星星从天而落，世间从此又失去了一颗艺术的明珠，人人为此扼腕叹息。从此，天籁之音只能在怀旧碟片中唱响。

1935年，帕瓦罗蒂出生于意大利的一个面包师家庭。他一出娘胎的号哭声就让医生惊叹不已："我的天啊！多好的男高音！"他的父亲是一个歌剧发烧友，他经常把卡鲁索、吉利、佩尔蒂莱的唱片带回家来听，耳濡目染，帕瓦罗蒂也渐渐爱上了歌唱，并且从小帕瓦罗蒂就显示出过人的歌唱天赋。

长大后，帕瓦罗蒂仍旧喜欢唱歌，但是他更喜爱孩子，并希望当一名教师。于是，他报考了一所师范学校。在师范学校上学期间，一位名叫阿利戈·波拉的专业歌手把帕瓦罗蒂收为学生。

快毕业的时候，帕瓦罗蒂问父亲："我应该怎么选择？是当教师呢，还是成为一个歌唱家？"他的父亲告诉他说："如果你想同时坐两把椅子，你只会从两把椅子之间掉到地上。在生活中，你应该选定一把椅子。"

父亲的话令帕瓦罗蒂下定了决心，他选择了教师这把椅子。不幸的是，初执教鞭的帕瓦罗蒂因为缺乏经验而没有权威。学生们就利用这点经常在他的课上捣乱，最终他只好放弃了教师这份职业，并选择了另外一把椅子——唱歌。

17岁的时候，帕瓦罗蒂的父亲把他介绍到"罗西尼"合唱团。从此，他开始随合唱团在各地举行音乐会。他常常在免费音乐会上演唱，希望能引起某个经纪人的注意。可是，过了将近七年，他还是寂寂无闻。眼看着周围的朋友们都找到了适合自己的工作，也都成了家，而自己还没有养家糊口的能力，帕瓦罗蒂苦恼万分。偏偏在这个时候，他的声带上长了个小疖。在菲拉举行的一场音乐会上，他的声音就好像是脖子被掐住的男中音，在满场的倒彩声中他被轰下了台。

接连的打击让他想到了放弃。但是想起父亲的话帕瓦罗蒂又冷静下来，于是他继续坚持。

命运的转折发生在1961年。在一次国际音乐剧比赛中，帕瓦罗蒂因在《艺术家生涯》中扮演鲁道夫而一举成名。

1964年，他首次在米兰·斯卡拉歌剧院演唱。1967年，他被卡拉扬挑选为威尔第《安魂曲》的男高音独唱者，从此成为世界最佳男高音之一。1972年，帕瓦罗蒂在纽约大都会歌剧院与萨瑟兰合作演出《军中女郎》，在《多么快乐的一天》这一段被称为男高音禁区的唱段中，帕瓦罗蒂连续唱出9个带有胸腔共鸣的高音C，震惊国际乐坛，从此获得"高音C之王"的美誉。

帕瓦罗蒂60岁以后仍然保持着旺盛的歌唱精力。2004年3月，69岁的他在纽约大都会歌剧院上演了他的告别演出——《托斯卡》，演出结束后观众起立鼓掌长达12分钟，场面非常感人。

帕瓦罗蒂生前在接受媒体采访的时候表示："我知道自己一直是一个幸运和快乐的人。但是病魔突然而至。也许这些就是快乐和幸福所要付出的代价吧。"

2006年7月，帕瓦罗蒂被查出患上了胰腺癌，从此他开始与病魔进行一场持久、艰苦的战斗，最终还是被癌症无情地夺走了生命。但他在生命的最后阶段仍保持着乐观和积极的态度。帕瓦罗蒂的主治医师安东尼奥尼说："帕瓦罗蒂的病情越来越严重。他本人也十分清楚，但他始终想着要战胜病魔……他最后走得非常平静。"

他的网站在他去世后，援引他的话说："我认为有音乐的一生就是美丽的一生。我把我的一生都献给了伟大的音乐。"

| 第十章 |

幸福，等你牵住它的手

爱情，是多么玄妙的东西。你爱的，或许与你无缘，爱你的，或许不会被你接受。人总是在失去时后悔，却不珍惜眼前的情分。"花开堪折直须折，莫待无花空折枝。"在还来得及的时候，说爱你，或许，你就能与幸福拥抱。

## 平淡如水的温情

看似平淡如水的生活，背后却蕴含着绝世的真情。一个貌似普通的药方，却蕴藉着一世的总结。人总是这样，在不能够爱、没有权利爱的时候，不经意间碰撞出的"爱"的火花，才是最纯洁、最难忘的。

她和他共同生活了8年，却一直没有要孩子。

一方面由于她从小体弱多病，身体一直病恹恹的；另一方面她认为只有当女人对男人的爱渗透进了骨髓里，才会心甘情愿为他经历那场血与火的洗礼，她自认为自己对于他，还没有那份热情。

他很忙，但是他更愿意花时间疼她。他们的生活，最普遍的场景就是：他热火朝天、忙里忙外开心地为她洗药、煎药；而她则拿着遥控器，循环调换每一个电视频道的文艺节目，在他人浪漫感人的故事里流泪欢笑。日复一日，年复一年。

有时候，她看着他辛苦操劳的背影，就禁不住在心里问：难道这就是爱情的样子？这就是童话里幸福的结局？

她很快就找到了答案，因为她再一次见到了文。

文是她读中专时的同桌。当年朦朦胧胧、若即若离的感情，在他们年轻的岁月里留下了美好的回忆。所以，当文把电话打到她的家里，对她说"我是文，我想要见你一面"时，她端着药碗的手颤抖了一下，碗"啪"地就掉在了地上,药渍一圈一圈地浸开。

她把那段时间喻为鲜花一样芬芳的岁月。她心情的畅快与愉悦直接写在了脸上,红扑扑的,如桃花一般灿烂。那天他端来了药说:"你最近脸色好多了,再坚持一段时间,就不用喝药了。"可她不这样认为,她明白爱其实才是女人美丽人生的一剂良药。她像一阵风似的从他身边飘过,飘逸的裙摆在风中扬起,遮住了他痛楚怜惜的眼神。

可是最终什么也没有发生,文说:"傻丫头,你应该和他好好生活,只有他才能给你最真实的幸福。"

她回来了,却没想到他走了,只留下简短的一封信:本来以为我的关心能改变你的苍白,可是到头来映在你脸上的绯红却不是我能做到的,如果我连一个桃花一样灿烂的笑脸都不能让你拥有,那我只好选择离开。

这以后,她开始了一个人孤独、清冷的生活。那天她整理旧物,在书柜底层发现了一本厚厚的日记,上面满满记载的全是这些年他为她总结的药方子。

这是爱情的偏方,真诚十分,关心十分,加宽容若干,文火煎服。

那一刻,她清楚地感觉到一行温温的泪水从脸颊上徐徐而下。

## 沧海桑田，情花曾开

不管年龄有多大，不管家人朋友怎么催促，都不要随便对待婚姻。婚姻不像打牌，重新洗牌是要付出巨大代价的，我们总是这样自以为是地认为。可是，生活最终却告诉我们，就在我们的等待、犹豫中，岁月被蹉跎，花期被错过，种种美好却在悄无声息地向我们挥手告别。下面这个故事让人唏嘘。

他和她过去是高中同学，多年以后在陌生的城市偶遇，很自然地住在了同一屋檐下，彼此好有个照应。

每晚睡觉前，她总是穿着睡衣，披着柔顺的秀发，站在他的房门口轻声问，"明天早上你想吃什么"。而他，总在她的电脑出故障或灯泡短路时，很有豪气地拍着她的肩膀说："放心，一切有我。"她试着开玩笑地暗示他："我在替你将来的枕边人照顾你的起居，等她出现后，就由她接管你的生活。"

在她的精心调理下，他的着装越来越有档次，白净的外表和成熟幽默的谈吐吸引了不少女孩。他与一群青春靓丽的女孩坐在客厅里谈笑风生，她知趣儿地退到一边。她明白他们已经渐渐偏离了属于他们的明天。27岁的女人已经不起等待，而27岁的他却风华正茂，逐爱正烈。

她悄悄地搬离，只留下一串QQ号码。她在心里对自己说："如果半年之内，他意识到我的重要，我就跟他回家。"隔着显示屏，他只是客套地寒暄几句，简直冷若冰霜。很多次，她试图抛开矜持说些感性的话题，他却直接打断话头，挑明了说："没事，你先忙吧，我在聊天。"她明白，不论是在生活中还是在网络里，她都只是他再普通不过的老同学而已。

她的QQ好友栏里只有一个头像，她就像个守望者，每天都守望着它的明灭，和她的爱情世界一样，除了半年的等待，一切都是空白，他却浑然不知。

28岁那年，她和一个愿意照顾她的男人结了婚。他在QQ上祝贺她："爱情甜蜜，婚姻和美。"她掩面而泣，泪水顺着手指缝滴落到键盘上，他却永远也不知道生命中一朵珍贵的情花未绽露芬芳，便已凋零。

婚后的生活平淡如水，原来用心地为一个人洗手做羹汤，并不需要爱情。只是在每个深夜，她总习惯静默地上线，怔怔地望着好友栏上的咖啡色头像，看他对现在的爱情和生活的描述。她把身体和一切都给了老公，却把心遗留在他身上，但充其量，她也只是他生命中的一个匆匆过客。

30岁生日那天，他在QQ里留言："到现在才知道自己想要的是什么，我很想念你做的红烧肉炖粉条和小鸡炖蘑菇。"她的心狂跳不止，慌忙中匆匆下线。第二天，她下厨做了这两道菜，老公吃着热气腾腾的饭菜，惊讶地说，想不到你做东北菜这么拿手，只可惜我今天才尝到！她伸手抚摸老公额前的抬头纹，蓦然间，自觉亏欠他太多。他给她提供了丰衣足食的生活，甚至宽容她对另一个男人孜孜不倦的爱情，而她竟然连几道菜都吝于付出。

从那以后，她专心经营婚姻，只有一个好友的QQ，不再登录。两年后收到他的邮件，新婚宴尔的他说："那时候我太小也太傻。"信末他说，"当年你想结婚的时候，我刚好在该有多好。"

沧海桑田，他们才明白，情花曾开，只是错过了彼此的花期。

## 陪在身边的最美丽

当爱情变成生活的时候，我们没有那么多的激情可以去挥霍，没有那么多的真情可以去胡闹。保持一颗淡定的心，身边的人才是值得你一辈子去呵护的幸福。

他们就要结婚了。他陪她去选首饰。一间一间的店走过来，一方一方的柜台看过去，刹那间，她如遭电击，目光定格，手扶玻璃，似生生要将台面按碎的样子。他急忙问："怎么？喜欢哪个就买下吧。"她赶紧让柜台小姐将柜台里的一对耳饰取出："对，就是那个，链子上垂着一朵丁香花的那个。"

上午他们已经选好一套项链耳环，白金，镶嵌蓝宝石，配着她白皙的皮肤，端庄优雅，一看就是贤惠温柔的好妻子。而这副耳环只不过是银饰品，百余元而已。但做工精细，一弯月钩上垂一线银丝，下面坠着一朵银造的丁香花，戴在娇小玲珑的耳上，一摇一荡，十足的江南韵味。她没有试戴，却急忙地摊在掌心里审视，发现丁香花心镂刻成一朵五瓣梅花，外层是丁香花萼……

他凑过来看，也赞叹说："看起来蛮精致的，买下吧。"说着便让小姐开票。她紧紧地攥住那一对耳环，神色若喜若悲，小姐连唤几次，才从她手里拿回耳环包装起来。他要去付钱，她赶忙止住他，自己走向收银台。

他说："我们去选戒指吧。"她无精打采地摆摆手："我突然记起来，还有件要紧的事要办,明天再买吧。"刚进家门,她便取出发票、产品回执单,找到银饰品的厂家电话号码,打过去。

"我要找你们公司一对耳环的设计师。"厂家客户服务中心的工作人员吃了一惊,他还是第一次接到提出这样要求的电话。

被婉言拒绝之后,她索性搭乘飞机,赶到首饰厂家,手里握着耳环,非要见到耳环的设计者,但厂家坚持不透露设计师的姓名。

她焦急地在陈列了一屋子银饰的接待室中落下泪来:"七年前他离我而去的时候,唯一的约定就是,如果有一天他成功了,会为我打造一对耳环,并把我的名字做成首饰。"

她取出自己的身份证,名字竟是:丁香梅。青梅竹马的恋人因为家境贫寒辍学,决定去浙江学金饰打造手艺。与她分别之时,两人都明白,以后的境遇和落差会越来越大,再见将是遥遥无期。心有不甘的男孩安慰女孩说:"我不会一辈子只做一个普通的金银匠,我会努力成为首饰设计师。如果有一天我成为了设计师,我打造的第一件饰品将是一朵丁香梅,把你的名字嵌进去。"

她念完大学,离开了家乡。而他辗转各地,两人的音信在5年前已经断绝。有时她经过南方小镇,看到街头巷尾挂着"金"字标志的小店铺,总要忍不住进去看上一看,希冀那工作台后能抬起一张熟悉的脸。

听她说完往事,接待小姐站起来,出去打了几个电话。小姐回来告诉她,设计师一会儿就来。

没多大会儿设计师出现了。她只看了一眼,眼皮就失望地垂了下去。那已经是个40多岁的中年男人。她拿起手袋,忍着泪无限失望地告辞。设计师却突然叫住她:"这个设计,应该是你的恋人为你创作的。因为最初的构思,是我在火车上听来的。"她愕然。

设计师对她说:"前年我出差,在路上碰到一个年轻人,听说我是首饰设计师,就很感慨地告诉我说,他也差点成为设计师,他一直梦想设计一副丁香和梅花形的耳环,来纪念一个叫丁香梅的女孩。"她的泪夺眶而出:"他看起来还好吗?"

设计师点点头:"很好,他似乎在做服装生意,好像很有钱,是陪新婚妻子去旅游的。现在算起来,该有孩子了。"她的脸黯淡了一瞬,手掌紧握着那对耳环。

就在她离去之后,接待小姐忍不住问设计师:"这个设计真的是你从火车上听来的吗?"

设计师微笑不语。

她回到自己的城市。未婚夫已经在她的屋子里等得快要撞墙,一见面就叫起来:"失踪了三天!你要把我吓死啊!"

听着这声音,看他惶急的脸,她竟觉出一缕温暖。

他"气急败坏"地说:"戒指没等你回来再挑,我挑好了!不满意就算了!"掏出小盒,用力塞到她手里。

她笑着打开,柔柔地说:"款式是什么样已经不重要了。"低头一看,愣住,泪水再次模糊了眼睛:一只白金指环状若花茎环绕,接点处是一朵丁香,花心里以水晶环成梅花心,衬托出中间的美钻。

很多人都以为,得不到和已失去才是最美丽的。其实,陪在身边的才是最美丽的。不管曾经多么难忘,那都是过去,那只是过去。

## 一朵花要找到属于自己的春天

很多时候，我们都忘记了去缅怀人生路上的一些遗憾，沧海桑田，许多人已经变得世故麻木，忘记了曾经拥有过却不曾珍惜的往事。想起那部让人又笑又哭的经典《大话西游》，希望那滴珍藏在你心中已经很久的眼泪会在某一个瞬间里涌出来，我们麻木的心或许从此会多一份对人生的感悟。

张小娴说过："我以为爱情可以克服一切，谁知道她有时毫无力量。我以为爱情可以填满人生的遗憾，然而，制造更多遗憾的，却偏偏是爱情。阴晴圆缺，在一段爱情中不断重演。换一个人，都不会天色常蓝。"

17岁，情窦初开的年纪，也是充满无限憧憬与期待的年纪。17岁那年的雨季，他被家里安排到一个边远的省份上高中，不过，他待在那里的时间也不过只有一年。

边远的小城孤寂而又荒凉，让他产生了与世隔绝的感觉。和偌大的北京城相比，这里的一切自然显得很土气，甚至连人们说话的口音都那么难听，举止又粗鲁。可他从来没有察觉，他清秀的外表和标准的普通话从他报到的那天起，就一直吸引着一个女孩。

女孩是当地人，脸色黑里透着红，健康而又美丽，常常带着羞涩的笑容。每次她见到他时，总是低着头，飞快地避开他的目光。他很得意拥有女孩这样青涩的喜欢。

他学习比她好，况且来自北京，他把高考的目标定为了北大。不论是从哪方面来看，他都不会把这样一个平凡的女孩子放在眼里。

一天，他闻到书桌有淡淡的香气散发出来。急忙打开书桌一看，发现语文书里夹着一朵花。他不清楚花的名字，只是看到它是白色的，散发着淡淡的清香。想了一会儿，他才明白过来这花是谁送的。

再见到她时，他拦住了她。她的心一下子跳到了嗓子眼儿，甚至连呼吸都屏住了。他得意地看着她，居高临下地问她："能告诉我你送的那是什么花吗？"

"野百合。"她低着头，紧张又害羞地摆弄着衣角。

"对不起，请你以后不要再送我这种花了，因为我不喜欢。"说完他头也不回地走掉了。

站在原地的她泪如雨下。她没有要求他做什么，她只是想在这如花的季节里，和他一起度过高考来临前的那段时光。

高考很快就结束了，他没有考上北大，最终还是回了北京，而她则名落孙山。

从那以后，他再也没有听到过她的任何消息，他也没有往心里去过。她在他心中原本就只是一丝涟漪，风停了，涟漪也就散了。那朵他从没正眼看过的野百合，应该早就在家乡结婚生子了。

数年以后，他来到一家合资企业应聘，却蓦然发现，她在台上笑靥如花，美丽得如同一只天鹅。他一开始以为是长相类似的人，看到名字后，才发现果然是她，她面前的牌子上面写着：人力资源部经理——×××。

他惊呆了：她，一个没有上过大学的平庸女孩怎么会来北京，而且做到了大公司的高层管理人员呢？

211

她也认出了他，招聘会结束时，他再次拦住她问："真的是你吗？"

她笑得像一朵百合，云淡风轻地说："自从认识你以后，我才明白一件事，一朵花要找到属于自己的春天才能被别人注意到。那年高考落榜后，我选择了复读，然后考上了北京的一所大学，直到念完研究生。"

他心里顿时生出了或多或少的悔意，但是一切已经回不到从前。俗话说得好，三十年河东，三十年河西。她不再是那个等待他定夺的黑黑傻傻的小女孩了，而是他等待她定夺的一个美丽女主管。

谈话间，一辆很气派的奔驰车开了过来，开车的男子为她打开了车门，她赶忙跟他说了两句告别的话就上车走了。不久他收到了该公司的录取通知，但是为了自己的自尊和面子，他没有来上班。

野百合也有春天，只可惜有人错过了。世上没有卖后悔药的地方，也少有第二次选择的机会。珍惜眼前拥有的日子，等到某一天回忆起来，也会发现一片美丽的春天。

## 脚下的鞋子

买鞋子的时候，我们只能做到让鞋子来适应脚，而不能削足适履，让脚去适应鞋子。鞋子舒服不舒服只有脚知道。上路最怕穿错鞋，而婚姻最怕受折磨。如果鞋子特别挤脚，就要赶快换一双。选一双合脚的鞋，才能走更远的路。

一日，思旭与一位朋友在咖啡馆共享下午茶。

她的这位朋友在当地电视台主持一档烹饪节目。

两个人谈起婚姻生活时，风趣的朋友作了一个很巧妙的比喻："我的丈夫，就像是我脚下的一双鞋子。"

在思旭惊讶目光的注视下，她笑了笑，解释道：

"年轻的女孩子选择自己的终身伴侣就像选购鞋子。鞋店架子上摆放的鞋子，各式各样，琳琅满目，叫人目不暇接。这其中有些鞋子，款式绝佳，可是质地不良，极易坏损；有些鞋子，款式老土，但却十分耐用。

"遇见我丈夫时，我感觉他就像摆在鞋店角落里的一双落满灰尘的老鞋，毫不起眼，拿在手上，还得拍拍那上面的一层土才能露出它本来的面目。刚刚买回来时，嫌它土气；然而，时间长了，却发现越穿越舒适。虽然街头鞋店的橱窗里陈列着千百种款式的光鲜鞋子，却一点儿也吸引不了我的目光；我总觉得这世上再没有哪一双鞋子能比得上我家里那双了。

"当然，不可否认的是，我对于这双鞋子的保养也是煞费苦心啊。穿脏了我要为它去除泥垢,把它刷洗干净;湿了我要把它烘干,恢复它本来的面貌;旧了我要为它涂上鞋油,把它擦得油光闪亮。毕竟这双鞋子,我是准备穿它一辈子的啊!"

朋友的这一番比喻,恰到好处地揭示了婚姻的真谛。

一双好的鞋子,也要碰上个真正爱护它的人,才能相得益彰。

## "执子之手"的平淡无奇

幸福是一种感觉,只要用心感受,它就会时刻萦绕在我们身边。记忆中的美好,总会随着时间的流逝而渐渐地褪去它们生动的颜色,唯有我们对幸福执着的追求,才能让我们体味到人生的意义和价值,感受到生命和真情的可贵。当我们的灵魂和广阔的宇宙相衔接时,我们渺小的存在会因此而变得深厚和绚丽。

傍晚时分,下着雨,她和他在车里。和往常一样,他仍然喜欢在开车时用一只手来握着她的手,不到换挡,决不松手。这是许多年来养成的习惯,但昨夜的手,异常温暖。

红灯了,车停在路口,他望着前方的灯光,突然开口说道:"老婆,买个礼物给你好吗?"

乍一听到他说出这样的话,她竟有些诧异,想不出他这样说的缘由。她疑惑地望着他。这个粗心的男人平静地说:"明天便是咱们结婚7周年纪念日。"

她这才恍然大悟,时光如梭,一晃他们结婚已经有7年之久。她心里有些微微的感动,嘴上却说:"不得了了,7年之痒哦。"

他娴熟地驾着车，说："那还不好办，我送你一个老头乐，痒的时候你自己挠挠呗。"

然而握着她的那只手，又用力地握了握。好像被他这么一握，她便知晓日后无数个7年的温暖似的。

车窗外风吹雨打，看到这样的情景，百般思绪涌上她的心头。她也用力捏了捏丈夫的手，笑着问："可有左手握右手的感觉了？"

这回他笑着回答道："嗯……有！"回答得如此干脆，她竟有些委屈。

"因为你是我的，你的手自然也是我的。"他的歪道理，对她总是奏效。车里充满着忧郁的歌声，然而那一刻她竟能听出快乐来。

安静如往昔的周末清晨，他还在沉沉地睡着，她独自醒着，一个指头一个指头掰着数他的好。

友人曾与她讨论她是否爱他的问题。她肯定地回答说爱，但随后又补充说依赖要多于爱。不知道别人面对这样的问题会如何作答，但她想那一刻的回答是真实的。

刚认识他时她年龄还小，根本不懂得如何去爱。如果说爱是痛并快乐着，那么爱着的那一个，应该不是他。

从认识他开始，她便被这个男人没有缘由的宠爱包围着，任他打点自己的一切，任自己习惯他的一切。他说女人就是让男人拿来宠的。如果他爱你，就不该让你吃苦。

这个表面上看待事业重于一切的男人，他的坚强背后藏着怎样一颗柔软的心呢？她从来没有想到要去了解，只是默默地接受他的关怀和呵护。

她最初的职业让他很不安心，因为她还是习惯漂泊在外的生活。常有他的朋友跟他打趣说："如此放心她的远行，你就不怕有一日她不再回来？"他总是自信满满地说，没有谁能像我这样这般宠她。每次听到他这样说，她心里总是有些愤愤不满，却找不到理由去反驳。的确，有一个如此宠爱你的人，远方还能有多远呢？

她的家人常常埋怨，说他不是一个好老公和负责任的父亲，因为他每晚的应酬，因为他每周只见一次女儿。

她心里替他叫屈，嘴上也急急地替他申辩：男人对社会地位的重视总要高于对家庭和女人的重视，处在他那样的位置，只能向前进而不可能后退。他们总是会用自己的社会地位来证明自己的存在，很难把他们强留在身边的。

可每当傍晚，看到别人一家携手在公园里散步，在商场里看到男人陪自己的女人逛街买衣服时，她心里便心生羡慕，无数委屈也会在那一刻涌上心头。晚上看着他拖着疲惫的身体回来，一切委屈又化为了乌有，转而被无限的心疼代替。不如利用这些时间给他煲一锅汤，在他晚归时端给他喝。

女儿因为和他见面的机会越来越少，偶尔见面竟有几分羞怯，常常拒绝他抱抱的要求。男人那时眼底流露出的除了疼爱，更多的是委屈，这些只有她看得明白。这个粗心的男人，不知道用什么方式来表达对女儿的关爱，便一味地满足女儿的各种要求，从不会拒绝。每每要是女儿在她那里得不到满足时，便会撅着小嘴说："我要告诉爸爸，他会给我买。"原来女儿也懂得他的好。

他有一次问她，自己不喜欢旅游，甚至都不愿意远行，城市的舒适让他有些离不开，而那样喜爱出游的她，怎会选择他？她每次都笑着回答说因为需要互补。她心里却明白是因为他让她安心。

一个人出游，总希望有人等待，总希望有人让自己安心。的确，也许她不够爱他，但是他是她的习惯，他使她可以安心离开，就如同他始终放心她的离开，因为他也确信她会回来。

她也时常被闺中好友责备，批评她对每日在外应酬的他不闻不问，说结婚这么久，竟从不关心他的钱袋。她们说婚姻是女人一生的赌博，如果你赌输了，就会输得很惨。没有谁知道，不闻不问也是一种信任。她想，既然嫁给了他，再要怀疑来怀疑去，不是自寻烦恼吗？既然信任，就没有必要再和他纠缠钱的问题。她宁愿赌自己的信任会换来一生的快乐，并且始终觉得被女人锁了钱袋的男人，总是有些悲哀。

她常常觉得自己不是一个好老婆，不太会打理家务，不太会做针线活儿，切菜常常切到自己，虽然能做得可口的饭菜，却因为不爱洗碗不在家开火。因为热爱远行，会心血来潮地买足一冰箱的方便食品，然后便独自离家远行。因为心思敏感，做事有些情绪化，在外面受了委屈，她便毫无保留地冲他发泄，也不管他是否接受。

而他竟能包容她的一切。洗好的衣服，他总是深夜回来晾，不忍心让她动手，虽然他总说怕她晾不好。买来水果，总是他细心地削好给她，因为怕她不小心割到手。很多时候她会因为不爱吃早餐，而忽略吃午餐的时间。他一心疼，竟不知如何表达，于是为此吵架。

这个粗心的男人，不做饭，结婚7年她只吃过他做的为数不多的几次蛋炒饭。他不光日日晚归，还总留给她孤独的周末。也许她的依赖多于爱他，也许只是习惯着他的习惯。但是有他在身边，她已经非常满足了。

她很想告诉他："执子之手，与子偕老。"

执子之手，多么平淡无奇的一句话，其实却包含着很大的勇气。没有原因的只为你，漫漫长夜里执子之手，走完那一段又一段的长路；坎坷的道路上执子之手，渡过一次又一次的难关。也许什么话也不必说，只是在这漫长的人生道路上携手走过每一个路口，让彼此把真心放在手中，携手走过一生一世的美丽。

## 幸福，等你牵住它的手

一个年轻人来到智者面前，询问幸福在哪里的问题，并想请他告诉自己，怎样才能寻找到幸福。

智者告诉他，只要他闭上眼睛，就会有一个美丽的女子出现，带着他去寻找幸福。但一旦他睁开眼睛，那个美丽的女子就会马上从他身边消失。

年轻人迫不及待地闭上了双眼，于是带着美丽柔和声音和满身香气的幻想姑娘来到他身边。年轻人就这样一直闭着双眼和幻想姑娘一起踏上了寻找幸福的路。

有一天，一位叫希望的姑娘来到了年轻人身旁，她对年轻人说："你睁开眼睛看看我吧，我比幻想漂亮、温柔多了，我能带给你更多的幸福。"年轻人思索了一下，没有睁开眼睛。他不想失去幻想，希望无可奈何地离开了。听着希望离开的脚步声，年轻人突然好想看看希望的模样，他犹豫了一会儿还是睁开了眼睛，向希望离去的方向看去，但是他只看到了希望远去的背影。他十分后悔没有早些睁开眼睛。因为他违背了诺言，睁开了双眼，幻想也消失不见了。

这时，他不经意间停下脚步回头望去，发现身后有一位长相普通、没有满身香气的现实姑娘默默跟着他，为他撑起一把能挡风遮雨的伞。现实姑娘深情地望着他，年轻人这才明白：幸福不是盲目的幻想，不是错过希望后的遗憾惋惜，应该紧紧抓牢现实的手，珍惜现在的拥有。幸福从未离开过谁，它一直就在我们身边，等你牵住它的手。

## 生活会有另一片天空

女孩小时候生了一场大病，落下了病根，腿脚一直不利索，本应该是和小伙伴一起奔跑玩耍的年纪，她却只能孤零零地一个人常年坐在门口看别人玩。

那年夏天，邻居家来了一位来自城里的亲戚——一个比女孩大5岁的男孩。因为年龄相仿的关系，男孩很快和村子里的小孩打成了一片，和他们一起上山下河，晒得和他们一样黑，笑得也一样开心。唯一不一样的地方是他不会说粗话，而且，他注意到了这个不会走路的小女孩。

男孩是第一个把捉到的蜻蜓放在女孩手上的人，是第一个把女孩背到河边的人，是第一个和女孩面对面讲故事的人，也是第一个告诉她说她的腿可以治好的人。都是第一个，细细想来，也是最后一个。

女孩脸上绽露出了难得的笑容。

夏天接近尾声的时候，男孩要回到城里去了。男孩走的那天，女孩满眼是泪地来为他送行，在他耳边轻声地问："等我的腿治好了，嫁给你好吗？"男孩深深地点了点头。

转眼间，20年过去了。男孩从一个天真的孩子长成了一个成熟的大男人。他经营着一间咖啡屋，有了心仪的未婚妻，生活过得平淡又普通。有一天，他接到一个陌生的电话，一个有着细细声音的女子对他说她的腿治好了，她已经到了这个城市。可他一点儿也想不起来她是谁。他早就把童年那个夏天的故事忘得一干二净了，记不起那个脸色苍白的小女孩，更别提对那个女孩子善良的承诺了。

好心的他还是把女孩留在了店里帮忙。但他发现女孩一整天都是沉默寡言的。

可是他已经没有闲暇去关心女孩的事了。他的未婚妻怀上了别人的孩子。他恼羞成怒地丢掉了他们准备结婚用的所有东西，整日和酒做伴，脾气也变得异常暴躁，咖啡屋也无心经营。不久，他就生了一场大病。

这段他最难熬的时期，她一直默默地守在他身旁，照顾他，容忍酒醉时他的打骂，独自经营着他那惨淡的小店。在这期间她学到了很多东西，也累得骨瘦如柴，可眼里总跳跃着一片神采。

半年之后，他康复了。面对她所做的这一切，他决定把店送给她以表示自己的感激之情，她执意不要。他就宣布她做咖啡屋的另一个老板。在她的支持鼓励下，他又重振精神。从那以后，他和她成了生活中的至交和生意上的合作伙伴。他总是把自己的心里话讲给她听，而她依旧是静静地听着。

他不知道她在想什么，似乎也不想知道。他只是需要一个耐心的听众罢了。

几年时间就这样匆匆过去了，其间他又交了不少女朋友，但相处时间都很短。他找不到爱的感觉了。而她一直单身。时间长了，他也发现其实她是很素雅的，风韵天成，绝对不乏追求者。他开玩笑说她心气高，她只是笑笑。

后来，他发现自己过腻了现在这种平淡如水的安逸生活，决定出国走走。拿到护照之前，他把店里的一切事务都转交给了她。这一次，她没再拒绝，只是承诺店会一直为他管理着，直到他回来。

在异国他乡闯荡的日子很苦。但在这苦中，他却收获了开阔的眼界和胸怀。他看淡了从前生命赋予他的种种痛苦，忽然发现，不论生病或健康，还是贫穷或富有、如意或不如意，一直陪在他左右的，只有她。这些年来，他行走在各处，她的信总是会如期而至，只言片语，轻描淡写，但读起来却一直感觉很温暖。他想是回到她身边的时候了。

这一次归来，他被她的良苦用心所感动。无论是家里还是店里，他的东西和他的位置，她都一直替他好好照看着，仿佛随时恭候他的到来。他大声叫她的名字，却没有人答应。

店由一位新主管经营着。新主管告诉他，她半年前因积劳成疾去世了。按照她的嘱咐，新主管一直关注他的行踪，并把她留下的几百封信按时寄出；帮他管理店里的事，为他收拾房子，等他回来。

主管把她的遗物交给他，一只蜻蜓的标本，还有一盘录音带——她的临终遗言。

录音带里只有她回光返照时录下的宛如少女般的轻语："我……嫁给你……好吗？"

看着她的遗物，听着她的声音，他像孩子一样掩面大哭起来。

谁会知道一个女人要用她的一生来说这样一句简单的话……

如果你被爱情抛弃，不要悲伤更不要怨恨，重新面对生活，珍惜身边的人，生活依然还是那样地美好。如果你在工作中不得志，不要悲观迷惘，更不要放弃自己，积极乐观地面对挑战，生活会有另一片天空。

## 给爱情以最温柔细致的呵护

记得还是他们刚认识的时候,那天她坐在电脑前看稿子,漫不经心地揉了一下眼睛后说:"啊……好疼!"没想到的是,他竟把这一幕放在了心上。再来的那天,他就带来一副眼镜。他把眼镜从盒里小心翼翼地拿出来,轻轻地给她戴上。她随口问了一声:"这眼镜多少钱啊?"他笑着说:"不值几个钱。"

那时刚刚失恋的她,不肯再相信"爱情"这两个字。同意和他在一起就是为了填补内心的空虚和失落:有一个人陪在身边总好过孤单单的一个人。她从没有给过他笑脸,在她心里面,他绝成不了自己的最终归宿。他是个普通老实的男人,她想要的那些风花雪月的浪漫情愫,他怎么能懂呢?她毫不在意地看着他给她洗衣服,给她做她最爱吃的红烧鲤鱼,给她买她喜欢的书籍和零食。有时,她也会为他的行为所感动,但是这样的感动来得快去得也快。她的激情、爱和感动,似乎都被那个人带走了。

虽然她每天大部分的工作时间都面对着电脑,但他送的眼镜,她没有戴过几次。她长着一双迷人的丹凤眼,为了不遮掩这双美丽的眼睛,那个精致的眼镜盒,一直被她放在电脑桌的抽屉里,就像深夜绽放的昙花,在静静开过以后,便长久地沉寂下去。

后来,他们还是分手了。她执拗地认为一场走不进婚姻的爱情,就不要让它开始。

平淡的日子一天天过去，她依旧每天熬夜写稿子，在电脑前一待就是大半夜。那一次为了赶编辑的约稿，她接连几天熬通宵。一早起来，她漂亮的丹凤眼肿得险些睁不开。她用力去揉眼睛，疼得很。办公室里的同事见了她这副模样，都不敢和她对视了。她赶忙去看医生，医生说现在的年轻人用电脑过度，就知道心疼自己的电脑，却不知道心疼自己疲劳过度的眼睛。下班的时候，她顺路去妹妹工作的眼镜店配眼镜。她说要找那种有防电脑辐射功能的眼镜，妹妹诧异地说："你不是有一副防辐射眼镜吗？就在你电脑抽屉里放着呢，你怎么不戴呢？怪不得你眼睛会累成这样……"她这才想起抽屉里还有副眼镜，原来最能保护她的东西，竟一直被忽略了。她无意间扫了一眼柜台里那种眼镜的标价，被吓了一跳，没想到这么普通的一副眼镜，竟要600多块，这几乎要花掉他半个月的工资。

回到家中戴上他为她买的眼镜，在薄薄的镜片后面，忽然泪水充满了眼眶。她终于明白了隐藏在眼镜里的他那深沉的爱：美丽的眼睛需要眼镜的保护才能不受到伤害；美好浪漫的爱情也需要一颗温柔细致的心去呵护啊！

/ 第十一章 /

饮尽冷暖，找到自己的瓶子

鞋子合不合适，只有脚知道，那个人合不合适，只有自己知道。醉过才知酒浓，爱过方知情重。当你尝尽人间冷暖，经过岁月沧桑，你会明白，哪一个才是你的真爱。别紧张，一切都不晚，找到你自己的瓶子，把自己的幸福装满。

## 只是为了遇见你

  生命中有许多感动,而这些感动往往隐藏在人们的内心深处,深到也许你认为它们已经随着时间的流逝而淡化了。但是,如果一经触动,它却如潮水般汹涌而出,令你无法相信那是你曾经的经历,直到这时你才明白,原来有些东西你根本不会忘却。

  她第一次遇见他,是仲夏的午后。他跟着父亲搬到她家隔壁,他们成为了邻居。他爱画画,那天在搬家的队伍后面,他怀里抱着一块大大的画板,一双眼睛乌溜溜地转来转去。那时,她正蜷在葡萄架下的旧藤椅上,专心致志地看一只爬行的蜗牛。葡萄藤上,蜗牛爬到中途,掉了下来,然后又重新慢吞吞地往上爬。她猛一回头,看见他正歪头站在背后,望着架子上晶莹紫珠般的葡萄说:"用我的水彩笔,换你的葡萄,可以吗?"

  有时,他还用雪糕换她的酸梅粉,有时,她也用她积攒的画片,换他从附近院子里偷来的月季花……两个人,有时烦了就去树上捉蝉。他教她画画,她教他吹口琴,两人形影不离,就像书中说的青梅竹马,两小无猜。

  那年,她8岁,他10岁。

  5年后,因为父亲的工作调动,他和家人要一起搬去遥远的南京。那天仍然是仲夏的午后,她帮他拿着画夹,脸上满是细密的汗珠。她解下脖子上的长命锁,偷偷地放在了他的文具盒里。等到车要开的时候,他却找不到她,他哭着不肯走，大声喊着她的名字。而她，躲在高高的梧桐树后面，流着眼泪看着他跑遍所有常去的地方找她；看到他被父亲强行拉上车，他哭，他使劲儿挣扎……她小小的心，碎成飘摇零落的落叶。

南京，从此成了她心中的一个梦。他们不停地写信，他在信中向她详细介绍了玄武湖、栖霞寺、中山陵，以及夫子庙的小吃。

但后来，他的信断断续续，时有时无，再后来，她去的信，总是被退回来。信封上写着：查无此人。

时间过得真是飞快，15岁的时候，她长成一个文静秀丽的姑娘，是班上最刻苦的学生。她的心中一直有个目标：南京。3年后，她考上了南京的大学，当她的双脚终于站在莫愁湖畔的时候，他们之间的联系已经断了整整4年。她并没有灰心，她相信他们会相遇。他在信中提到的每一个地方，她都去过不止一次。

很快，大学毕业了，毕业后的她开始四处地漂泊，有时候在北京，有时候在武汉，有时候在杭州、成都。有过几次恋情，却都无疾而终，她心里始终放不下他。多年以后，她再次转回南京，在一家报社做文字编辑，也陆续发表了一些文章，她只用一个固定的名字。因为那是只有他才认识的名字。

还是杳无音信。

28岁那年，她结婚了，丈夫比她大两岁，是报社的广告部主任，对她宠爱有加。婚后的第二年，她生下了一个可爱的女儿，满心欢喜的丈夫从医院回来后，打开一个很旧的小匣子，从里面小心翼翼地拿出一只长命锁，要为女儿戴上。她大吃一惊，一把夺了过去，反复地查看，手都止不住地颤抖起来。她问："这……这你从哪儿弄来的？"

丈夫有些莫名其妙地看着她，说："也许是什么人送的吧，我真的记不清楚了。"

她急切地追着他问："究竟什么人送给你的？你再好好想一想。"

丈夫便笑了："我怎么想得起来啊，我 16 岁的时候曾经出过一次车祸，医生说我留下了选择性失忆的后遗症。好多从前的事情，我真的一点儿都记不起来了……"

她惊呆了。原来，任何的相遇，都不是偶然的事情。而他们，辗转奔波这么多年，就是为了遇见对方，虽然，他已失去了曾经的记忆。她紧紧地抱着他，泪流满面，生怕一不小心再丢了他。

她哭得稀里哗啦，泪水流了他一身。他轻拍她的背，笑："傻老婆，哭什么啊？"

生活中有太多的巧合和不期而遇，有了这些偶然，我们的生命才不会有那么多的遗憾，才有可能找到完美；生命中有许多感动，往往被压在我们的内心深处，当我们以为感动已经随着时间的流逝而慢慢淡化了，却不料经别人一触动就突然如潮水般汹涌而出，这时才会明白有些东西你根本不会忘却。

## 独舞与陪伴

很多的时候就是自己一个人在坚持,一个人在坚守,没有人陪伴你,就是孤独和寂寞陪伴自己。我们的坚持和坚守就是在孤独和寂寞煎熬之中度过的,需要一天一天地坚持,需要时时刻刻地坚守。

10岁,还是一个懵懂的年龄,香云便开始练花样滑冰了,香云的搭档15岁,是一个很英俊的少年,从此她和他一起成长。

他的双手很有力,总是能轻易地握住香云纤细的腰肢,然后托起香云流畅地在冰场上做出各种优美的舞蹈动作。

无论是相拥着前滑、后滑或者是跳跃,只要是他们身影经过的地方,就会飞扬起一片被锋利的冰刀刺裂的冰碴,划出各种优美的弧线。慢慢地,香云习惯了在他的双手有力的握举中度过辛苦的每一天。但是教练的斥责、超负荷的训练,都让香云觉得苦不堪言。香云的心,就像脚下被冰刀划过的冰,痛彻心扉。

而他也是一样刻苦地训练着,却总是很少说话,每次默默地为香云系好冰鞋上的鞋带,把香云的衣服叠好,然后收拾起香云散落在椅子上的物品。休息的间隙,他会拿出一块洁白的纸巾为香云拭去脸上的汗水。他的细心呵护,让香云的心就像冰层遇到了温暖的阳光一样,逐渐地融化了。香云喜欢上了滑冰,只是因为他。

那是他们第一次参加比赛。他和香云都穿上了比赛的服装。服装很美，香云的比赛服装是紫色的露膝短裙，裙子上绣了一只月白色的蝴蝶，展翅欲飞；他也穿上了同色的长袖上衣，黑色宽松裤子的下摆也绣着同样的蝴蝶。香云美丽优雅的气质与他沉静冷峻的神态，一上场就赢得了一阵掌声。

音乐响起，他们开始牵手滑行，翩翩起舞，香云的纱裙随风飞扬，两人动作配合得天衣无缝，如两只蝶儿在田间追逐一般。那份缠绵与厮磨时而像是彩蝶绕树，时而又像是青藤盘绕。一场绝美的舞蹈在观众如雷般的掌声中落下帷幕。逐渐地，两个人都成了众人关注的焦点，香云有点像公主一样飘飘然起来。

时光一晃而过。在后来参加的各种比赛中，他们总是会与第一名的花环失之交臂，而香云已经到了快退役的年龄。香云开始自责因为自己的失误而连累了男孩。

那天香云突然想到要以蝴蝶为主题设计一套高难度的舞蹈。她夜以继日地练舞，腿上脚上布满了数不清的伤痕。他被感动了，他也很想他们能有一个圆满的结局。

可是，香云总把握不好蝴蝶伤心欲绝的神情，因为香云一直都是被幸福的光环笼罩着。所以香云只能一遍又一遍地聆听，去感受那悲切凄婉的音乐，然后调整好情绪，把自己完全地融入音乐之中。终于，有一天香云顺畅地完成了那套动作，他的眼睛里是掩不住的喜悦。香云想等到比赛结束就告诉他，她做的这一切其实都是为了他，还有他们的爱情。然而就在临近比赛的日子，他晕倒在了冰上，医生诊断他患上了骨癌。

但他瞒着香云，推迟了手术时间，决定等参加完比赛再说。香云真的以为他只是由于疲惫才造成的眩晕，于是很内疚地帮他擦拭着脸上的汗水。

比赛时间终于到了。面对着体育馆里的人群，他们紧紧地手挽着手进入了赛场。音乐响起，香云竟一下就找准了感觉。她在他身边神情凄迷地飞舞着，把蝴蝶分离的缠绵与哀伤，表现得淋漓尽致。他挥汗如雨，忍着剧烈的疼痛配合着，他突然觉得比赛的时间太短了，盼望着能够可以再长一点、再长一点。

如潮的掌声，他们终于成功了。领奖台上，没有他的身影，只有她眼光迷离地环望四周。他留给她一封信，她展开信以后泪水就不停地掉了下来，打湿了她熟悉的笔迹。他说他厌倦了这种生活，他要去远方寻找他的最爱，再也不回来了……

香云的心，在那一刻轻轻碎掉了。

香云开始了一个人的舞蹈，袖子上总是带着逼真的蝴蝶，然后在冰场上一直寂寞地旋转着。她像一只悲伤欲绝的蝴蝶一样，日日在偌大的冰场上独自为爱情歌唱。

多年后，香云已获得了很多奖项。身边却再也没有出现过另外一个人，没有谁能有资格再一次轻轻托起她的身体翩翩起舞。香云终于成了一只孤寂华丽的蝶。

可是香云永远都不知道，她的每一场比赛，看台上总会有一个最忠实的观众。

他已经没有了双腿，只能用手紧握着拐杖，然后在一个最黑暗的角落里，泪流满面地看着她独舞，他却再也无力站到她的面前……

## 盛开在自己的瓶子里

　　幸福是不需要理由的,也不需要预设很多前提。幸福是自我的一种感觉,开心是一种幸福,有人爱你是一种幸福,家人身体健康是一种幸福,有一份自己喜欢的工作是一种幸福……幸福有可能是一瞬间的感觉,也有可能是从很小的事情中感受到的,并不一定拥有金钱、权力才是幸福。

　　曼爱上他眉宇间的阳刚之气,他笑容渐起时嘴角传递出来的自信,也让曼爱恋。25岁的女孩子,不羁的青春年华,夜夜失眠,只因为白天他帮曼纠错时一个怜惜的眼神,或者他接过咖啡时一声温柔的谢谢。

　　他有妻,曼以前是见过的,是那一次在公园里偶然遇上了。他一手挽妻,一手携子,眼带笑意。初春温暖的阳光里,三个人的脸上和身上到处都是幸福与安宁。曼仓皇而逃,只恐内心潜藏的隐情被人识破。

　　冬天的时候他出国考察,虽然只有两个星期,于曼而言却是度日如年。才几天的光景,她人已经憔悴。碰巧他打电话回来问公司目前的经营状况,曼懒懒地接起,听得他在那端"喂"了一声,曼的心一下轰地炸开了口。握着话筒,喉头哽咽,心中万语千言,她却又说不出口。曼急忙抬手唤来同事,话筒一丢,落荒而逃。曼怕自己承受不起。

　　公司举行联欢晚会,他偕妻子一起出席。曼躲在角落,看那个华贵优雅的女人谦和有礼地替他答谢诸位员工,看他优雅地牵过妻子的手滑进舞池,看他温柔地为妻子整理鬓边的乱发，看他俯在妻子的耳边轻轻说话，曼的心一阵一阵地痛，每一分每一秒都是煎熬。曼借故离开了。在一家酒吧，从没喝过酒的曼，醉得一塌糊涂。

醒来已是第二天黎明。睁开眼睛时，他正坐在床前微笑着看曼。曼一时恍惚，以为是在梦中。他捋捋曼的头发说："傻丫头，不会喝酒就别喝那么多，亏得我们路过，不然还不知你醉成什么样子呢。"

他的妻子把一杯热茶放在曼的掌心，一句话石破天惊："谢谢你也爱他。"

是曼自己出卖了自己，昨夜梦中，她不停地呼唤他的名字，隐秘的心事终于大白于天下。曼无地自容。

他的妻子笑笑，说："我明白你的心思，因为我也有过你那样的年龄，这种痴迷和爱恋，谁都曾有过。爱没有错，只是需要一个更合适的瓶子去承载它。"女人的手轻轻地拂过曼的发，说道："你还年轻，会找到真正属于自己的那个瓶子的。"

曼闭着眼睛，让眼泪恣意横流。

一个月后，曼主动交上了辞职信，回到家乡那个安稳而舒适的小城。两年后，曼找到了一个儒雅温柔的男人，彼此相亲相爱，日子幸福美满。曼喜欢叫他"瓶子"，不管是在油烟弥漫的厨房里，还是在人声鼎沸的菜市场里。这个毫不相干的称呼，曼叫得张扬，他应得甜蜜。

有一天，看着正在修理灯泡的他，曼突然问："知道为什么叫你瓶子吗？"他头也不回地说："你若是那美丽的玫瑰，我就是那青瓷花瓶；你若是那清凉的水，我就是那矿泉水瓶；你若是那醇香的老酒，我就是那雕花酒瓶。来，把钳子递给我。"

曼"扑哧"一声笑了，曼承认，这是20多年里她听到的最动听的情话。是的，丰盈的感情，只有在自己的瓶里，才能开得恣意芬芳，才能散发出幸福的花香。

## 谁也没有偷走你的爱情

　　日子像水一样不断地稀释我们的爱情，不管曾经多么甜美，到了最后都会淡而无味。没有了激情，这就成为恋爱长跑里的一大隐患。牵手、拥抱、互相依赖、互相照顾，都成了习惯，虽然多了信任，却也少了当初的柔情蜜意。也许，你会说，爱情本来就是这样，到了最后都会转变为亲情，就像左手牵着右手一样。可是，为什么在两个人的世界还是感到寂寞？

　　平淡是生活的本真，却不是爱情的代名词。如果爱情像白开水一样，那么你是否就该小心了呢？我们的爱情，像一盏油灯，你看到它闪闪发光，带来温暖，那是它以曾经美好的回忆为灯油。一旦甜蜜的回忆用尽，而你又没有新的灯油加进去，那么只会油尽灯灭。你能眼睁睁地看着那盏你亲手点亮的、闪闪发光的、带来温暖和幸福的油灯熄灭吗？

　　32岁的他已经成为销售公司的副总。虽是农家子弟，但是出身名校，人也长得风流倜傥，无论是商务会议还是交际场合，总是闪亮人物。更何况，他身边还有一位俏佳人女友，她现在是一家大型女性周刊的娱乐版主编。两个人毕业五六年，就取得这样的成绩，实在令身边的人羡慕不已。当父母、朋友都巴望着他们成婚的时候，两个人却出现了感情危机。

　　他提出，先不见面一段时间，各自想想。她以为这是男人普遍的"恐婚症"，就爽快地答应了。这个消息刚传出来，大家都在纷纷猜测是不是谁有了第三者。在人们的眼里，如果没有第三者，是不会出现这种情况的。可是到底谁是呢？她是一个标准的美人，即使成为公认的报社才女后，她的漂亮一点也不输给她的才华。到底谁有本事把这样一位佳丽比下去。

其实，根本没有什么第三者。他是一个对事业、对生活都很用心的人，从来不曾敷衍过，哪怕一天。但是，对于爱情，他是抱着"从一而终"的心态的。倒不是忠诚，只是觉得只要选择一个合适的人就够了，以后的关系是要靠经营的。如果在选择上就耗费太多心力，就没有持续的动力和精力去维持这份关系。他在爱情上一直是极为理智的。他对于现在的女友很满意，无论条件还是感情基础都是无可挑剔的。可是，心里总有那么一个黑洞无法填满。总是觉得以前那种充实的甜蜜在慢慢消失，他用力去抓却抓不住。每当这个时候，他总是靠着以往的回忆来支撑这份爱情，可是，旧的回忆越来越遥远、缥缈，新的回忆又是整日的忙碌和寂寞的拥抱。我爱她吗？他甚至是这样怀疑着。他要重新思考，他们的爱情到底怎么了。为什么别人越是羡慕，他越感到恐慌。

总是一起走了很久，我们才猛然被一个念头惊醒。为什么没感觉了？不再有等待的焦虑，不再有相见时的激情，不再有冲动的想法，我们的爱情什么时候燃烧不起来了？总听见有人抱怨，他总觉得两个人关系确定了就完事了，整天就说忙忙忙。总听见有人感叹，都老夫老妻了，还能有什么激情呀，过日子罢了。总有人认为婚姻就是爱情的坟墓，当你踏进婚姻的殿堂时，你的爱情就跟着踏进了坟墓。爱情在那些油盐酱醋面前就什么都不是了。这让你越来越不明白许多人在追求爱情的同时，却总是希望能有一纸婚约作为保障。但是在得到这纸婚约之后，又猛然觉得爱情也不在了。有些人在这里就倒下了，认为爱情在这里已经转变为亲情。

这是自欺欺人，爱情怎么会转变为亲情呢？亲人是存在着血缘关系的，在任何情况下都不会将对方抛弃的人。但是在生活中，我们可以看到夫妻之间的那种亲情并不是那么地牢固。这就必须让那些倒下的人们认识到这些：人生怎能应付？爱情怎能随便？自己不为自己负责，谁为你负责？

是什么偷走了我们的爱情？或许，它一直在那儿，只是你疏忽了，忘记了给灯添油。在灯光微弱下去，还没有熄灭的时候，还是赶快行动吧。一句温柔的体贴话，一顿亲手做的精致的晚餐，一件出其不意的小礼物，一次两个人的旅游，共同帮助一个朋友……只要用心，哪怕是很小的事儿，都可以让爱重新燃烧起来。有时我们总是给爱加上了太多的装饰，赋予了太多的负担，总是觉得如果不是爱得轰轰烈烈，那就不是真的爱情。其实不然，真爱总是在那不经意间流露出来，它是那么地自然，不需要任何的人工添加。真爱就像那涓涓细水，大部分时间都是在那慢慢地流淌的，但是每到汇合之处时，它就会变得异常之大，是那么地惊心动魄，特别是最后流入大海的那一刻。生活中到处充满着美，只是缺乏发现美的眼睛。在你的身边充满着爱，但是你总是忙忙碌碌地看着远方，不如停下来歇一歇，看看存在于你身边的爱情。

# 一起站在阳光下

他和她是邻居，从小学到高中一直是同学。他很喜欢她，她也喜欢他。他们都能感觉到，可是谁都不确定，也都没说什么。每当同学起哄，她都害羞地红着脸，而他就一个人走开。他是男孩子，应该主动一些的，可是她成绩那样好、那样优秀，怎么会看得上自己。反正时间还长，这么想着，就到了高中毕业。两个人都在等大学录取通知书。男孩知道女孩报的是北京的一所名校，于是他也报了北京一所二类院校。女孩知道男孩是刻意这么做的，觉得很幸福。她在等待他的行动，而他还是那样犹豫。像以前一样聊天、打电话，约好一起出去玩。也许，做朋友太久了，连他们自己都不知道该如何转化这份关系了。

通知书下来了，女孩第一志愿没有被录取，到了南方的一个二本院校；男孩却顺利地考上了第一志愿，来到女孩向往的北京。女孩现在不再是以前高高在上的公主，男孩觉得自己有了勇气。他要去守护她，当她在低谷的时候要做她的太阳。他决定放假回家，就表白。

可是，女孩见到他的第二句话就是我有男朋友了。她孤身一人去了南方，整个城市都没有以前的同学。在她孤独、寒冷的时候，有一个男孩拯救了她，带给她温暖。她说她的男友不帅，能力一般，也不是她喜欢的类型，但是他像一缕星光给她带来黎明。为了这一丝光，她愿意做他的女朋友。

他不知道还能说什么，他想告诉她，他原本想做她的太阳的。这句话说不出口，因为她问他，为什么不打电话给她？为什么一去就没了消息？他觉得应该让女孩静一静，也给自己时间好好考虑，毕竟他要做出一个一辈子的承诺。他一个学期都在考虑要不要表白，如何表白，表白以后怎样？

想不到，已经用不着了。

男孩一直没有交女朋友，女孩不久也与男友分手了。当她从谷底升起的时候，就觉得那丝星光并不是她想要的。两个人又成了朋友，打电话、上网聊天，但是谁都没有再触碰那个话题。也许已经不喜欢了吧？两个人都这么揣测着。大学毕业，男孩在北京找了一份工作，还是单身一人。女孩也在南方小城市工作了。社会、工作把人挤压得无暇顾及其他。总之，两个人失去了联系。

几年后，他30岁，她29岁，他们在北京一家餐厅偶然相遇。他的身边有了女朋友，她的身边有了未婚夫。两对年轻人谈得很开心，又接着去了酒吧。她的未婚夫请他的女朋友跳舞，于是他们终于有了独处的机会。谁都不知道说什么好，就拿出小时候的事情瞎聊。聊一阵就没有了下文，接着就是沉默。等第三次沉默之后，她问他，我一直很喜欢你，你知道吗？他能说什么呢？

命运弄人，有缘无分，错过。总是这些老掉牙的东西，可是又是这么真实地令人心痛。她一直看着他，仿佛就为了一个说法。她马上要结婚了，她已经29岁了，她第一次这么渴望一个答案。"我也一直很喜欢你。"他说得很慢，在此后还停顿了好一会儿。就是这句话，对她来说，已经够了。她说，如果有下辈子，你要记得拉住我的手。

这样的故事，在我们身边有太多。为什么，我们恋爱的人不是我们最喜欢的人呢？我们结婚的人又不是我们最爱的人？之所以错过，是因为我们没有好好把握。你只要跨出第一步，他就会朝你走九百九十九步。可是谁都不轻易跨出这一步。害怕被拒绝，害怕受伤，害怕连现在的关系都维持不了。有那么多的理由，让我们话到嘴边又咽下。

爱情是选择，可是为什么你总把自己当作被选择的那一个？尤其是女生，总觉得主动是一个禁忌。有这么一个说法：如果男生没有动心，不管女生怎么追也没有结果。而且即使追到了，对方也不会珍惜。因为送上门的总是被轻看。这种说法一直被奉为爱情的秘诀之一。但是，如果你一辈子遇见的追求的人都是你不喜欢的，都是你看不上的呢？接受吧，就像吞了苍蝇，吐不出来咽不下去；不接受吧，只能落得个孤独终老的命运。你宁愿把最深的爱掩埋心中而过着不如意的婚姻生活吗？踏出一步，也许会被拒绝，也许会受伤，但是起码没有遗憾。你为自己的人生拼了一次。

曾看到一个网上调查，如果你的生命只剩下最后一分钟，你最想干什么？答案自然是多种多样。但是其中一个女孩是这样写的：如果还有一分钟，我想告诉他"我爱你"。这句话后面也许有一个很平常却也很凄美的故事。

有一个女孩默默地在男孩背后守护、等候他回过头望向自己。这是一个生活在爱的影子里的人。可惜，她的生命很难面临"最后一分钟"这样的时刻，所以她始终只能站在影子里。有一天，她累了，决定忘记了，就转身离开；然后找一个人结婚、生子，过着平凡的日子。也许，还会是很幸福的日子。可是，她始终错过了自己最爱的人。也许踏出这一步也是错过，但是总比站在原地转身离开要来得无怨无悔些。说不定，他一直都在等着你跨出这一步。他在心里对自己说："只要你跨出这一步，我就会照顾你一辈子。"

可是，她转身了，他也转身了。向左走，向右走，在十字路口短暂地相聚后选择不同的方向。你们之间的距离曾经由无限远缩到了一千步，那是命运、是缘分、是你们内心的呼唤。可是你们谁也不想再往前走。于是，这一千步的距离始终是一千步。再以后，又成了无限远。你曾经有一个机会，站在了离对方一千步的距离，可是，你就这样让这一千步又成了无限远。爱情是双方的互动，追求与接受都不是绝对的，不能只是一味地等待对方朝自己靠近。

也许，在爱情的潜规则里，有这么一条：谁主动谁就会一辈子被动。尤其是女孩子，更是觉得主动是掉价的行为，即使获得了爱情，对方也会不珍惜。也许，的确有这方面的风险，但是，如果你不跨出一步，也许你连这份爱情都抓不住。在爱情里面，你只能是一个"被选择"的人，而无法敞开心怀面对自己喜欢的人。当你老了的时候，回忆你的爱情，你发现你这一辈子谈过的恋爱，不过是"答应追求者"而已。

有的时候，只需要稍稍暗示：一个微笑、一个温馨的电话、一个小礼物、一点点的撒娇……你就能赢得你想要的幸福。不要站在原地，等他回头了。与其站在影子里等他拉你出来，不如向前一步，和他一起站在阳光下。拒绝被选择的命运，勇敢地迈出自己的步伐，勇敢地接受幸福甚或伤痛。

/ 第十二章 /

一转身，花开有声

有一种寂寞的坚守，比昙花长，比爱情短。如果深陷寂寞的深渊，整个世界都会阴暗，若能坚定信心，矢志不渝，哪怕一路荆棘满布，也能驱散阴霾，撑起一片碧海蓝天。

## 放手后的美丽

爱情，是人世间一个永恒的话题。爱情是两种性格和涵养的互补、磨合，是于平淡和危难中的相守。爱情的结合不是康庄大道，只有双方齐心协力、互相扶持才能走到幸福的终点。

要知道，人的感情是有底线的，与其苦苦等待不可能有的结果，还不如放手。有时，放手也是一种爱，这是爱一个人的至高境界。既要给你爱的人以自由，也要给你不爱的人以自由。

20世纪70年代，一个男人和一个女人，都是知识分子，经别人撮合，他们结了婚。那个年代里，很少有先恋爱、后结婚的，何况人年轻的时候，容易盲目，盲目地结婚，盲目地生子，盲目地过完了一辈子。

他们也一样，盲目地生了三个孩子，也因为盲目，他们一直在吵架，一直在打闹，闹了很多次离婚，分分合合了很多次。再后来，一个孩子说："如果你们再打再闹，我就自杀给你们看。"

为了孩子，他们不再闹了，那时，他们才只有三十出头。不过，他们有了一个约定，等到60岁时，孩子们长大了，他们也该退休了，到那时，和平分手，一定要找到自己的爱情和生活。

这是两个人的秘密，从来没有和任何人提起过，包括他们的孩子。

男人喜欢沉稳安静的女人，能陪他一起听戏、聊天，张扬的女人，他不喜欢。

女人爱热闹，觉得像男人那样平淡地活一辈子，太委屈自己，至少他不是她的意中人。

时间过得很快，转眼他们60岁了，这时他们都已退休，按照约定，他们办了离婚手续。此时，儿女们全在国外。

消息传出，好多人及亲戚朋友笑话他们："60岁的人了，还离什么婚呀，这不是有病吗？"

他们平静地分手，所有的财产一分为二，男人搬到了乡下。多年前他就有一个梦想，要在有山有水的地方，盖两间小屋，种菜、养花，喝点小酒，听点小戏，过一过门前种花、屋后种树的田园生活。如果再有一个温柔的女人相伴，那就更好，他的要求不多。

女人搬到了城市最热闹的地方，离超市只有五分钟，很方便；离广场也只有三分钟，也方便；十分钟就到街心公园，还是方便，而且到处是人，热闹。

一年后，他们找到了各自的老伴儿。

男人找的老伴，是村里的一个很普通的老太太，长得普通也没什么文化，她原来的老伴在前两年死了，她一个人过，也爱种个花弄个草什么的。一来二去，两个人结婚了，一起种菜浇花，一起听戏。老太太人温柔，男人说什么就是什么。两个人一起散步，女人总是落后半步，他说什么，她就说"嗯"。男人想，这一辈子，自己就想要这么一个女人，多好呀。

女人找了一个早晨在广场上跳舞认识的男人。这个男人是老留学生，作风洋派，一看到这个女人，谈笑风生，就觉得有意思，活得多自在啊，热闹。他也单身，一个人生活多年，就好个热闹，在午后凑个场子，四五个人，再打打麻将，多么美妙的生活啊。

再次结婚的他和她，都觉得幸福无比。

他们却像朋友一样走动起来，关系比做夫妻时还要好。

女人说："多亏我们离婚了，现在我们过得多好，否则，就是对方的监狱。"

男人说："离了婚我才知道，原来，我想过的不过是这样一种生活，简单幸福。"

这是否是另一种爱情呢？该放手时则放手，放手才是爱对方，才是让对方幸福的唯一出路，否则就是对方的地狱。爱一个人，就给他自由，这比什么都重要。带着温暖的心情离开，要比痛苦地纠缠好。

用力地握握手，真诚地说一声："再见，珍重！"转过身，洒脱地离开，让背影深深地留在对方的脑海里。放手后的美丽，只有当你能够用释然的心态去回忆曾经的点点滴滴时，才能体会得到。

## 哪怕你的梦想只是一件粗布衣

蜘蛛没有翅膀却可以把网结在空中，因为蜘蛛相信梦想是最好的翅膀；叶子在风雨中飘摇却依然坚守在枝头，因为叶子相信一生执着的绿一定会换来一个金色的秋天。梦想啊，我们怎能放手？

美国有一个少年，名字叫斯克劳斯。他的母亲是个裁缝，受母亲的影响，他自小就喜欢裁剪制作时装。尽管家境贫寒，无法有足够的材料去做衣服，但斯克劳斯决意要做一名出色的时装设计师。他常常将母亲裁剪后的布角偷来，按照自己的设想，东拼西凑地做成各种各样的小人衣服。但母亲的布角也是有限的，并且那些布角都是要用来做鞋垫的，为此，斯克劳斯总是遭到母亲的责备。创作欲望得不到满足，让斯克劳斯感到十分痛苦。有一天，斯克劳斯突发奇想，将父亲从自家凉棚上撤下来的废棚布捡来制成了一件衣服，然后穿在身上，很多人都说他是疯子。甚至连他的母亲都觉得斯克劳斯有些痴迷了。

见儿子沉迷于服装设计，母亲便鼓励斯克劳斯去向时装大师戴维斯请教，她希望自己的儿子能成为像戴维斯一样的时装设计师。那一年18岁的斯克劳斯带着自己设计的粗布衣，来到了有名的戴维斯时装设计公司。当戴维斯的弟子们看到斯克劳斯设计的衣服时，哄堂大笑，他们从来没有看到过如此粗俗可笑的衣服！可是戴维斯力排众议，将斯克劳斯留了下来。

在戴维斯的鼓励与帮助下，斯克劳斯设计出了大量的、各种款式的粗布衣。可是，几乎没有人对斯克劳斯的衣服感兴趣。斯克劳斯设计的衣服大量积压在仓库里，无人问津。就连戴维斯都对自己收留斯克劳斯的决定产生了怀疑。但斯克劳斯却毫不动摇，他坚信自己的衣服会受到人们的欢迎，他试着将那些粗布衣服运往非洲，卖给那里的劳工们。由于这种粗布衣服价格低廉、耐磨，很受劳工们的欢迎，衣服很快销售一空。

斯克劳斯又灵机一动，将那些粗布衣服做成适合旅行者穿的款式，具有一种沧桑感和洒脱，居然又很受旅行爱好者的欢迎。斯克劳斯接着又设计出了许多种款式，人们惊奇地发现，那种衣服穿在身上不但随意，还有一种很特别的味道，而且不分季节，不分年龄，不分身份，所有人都可以穿。一时间，大家都争着穿起了斯克劳斯设计的粗布衣。如今这种衣服已风靡了全世界，那就是以斯克劳斯与戴维斯为品牌的牛仔衣。

有时候，梦想看上去不是那么光鲜亮丽，但是，只要你认为自己所做的事是正确的，那就大胆地去做，哪怕你的梦想只是一件粗布衣，只要坚持下去，粗布衣也可以成为漂亮的时装。

## 一次转变，一次重生

有时，人就好比是一只被困在迷宫中的小老鼠，心急如焚地钻来钻去，但就是找不到出口。其实，这个时候，你应跳出固有思维，就像有时候极目远眺，我们的眼睛就像是架在高空中的摄像机，这样才能让你看到迷宫的全貌，你很快就知道朝哪个方向走了。

在美国亚特兰大北部一个很普通的小乡村里，有一个名叫约翰·凯恩的农民，他继承家族的传统，多少年来一直以种植玉米为生。玉米在美国是一种极其廉价的农作物，价钱不高，所以尽管约翰非常勤奋地耕种着家中的十几亩玉米地，但也仅仅是能糊口而已，无法致富。

后来，约翰的儿子小约翰从学校毕业后，子承父业，也加入到种玉米的行列中，帮父亲一起耕种玉米。有一次，他们请了24名工人来给玉米地锄草，正在劳作的时候，突然下起了大雨，结果这24名工人全被困在郁郁葱葱、一人高的玉米地里，找不到出路。原来，这十几亩的玉米种得错综复杂，致使第一次来这里干活的工人，根本找不到方向，直到约翰父子把他们领出来。

这件小事引起了小约翰的深思，他从中看到了一个致富的商机。小约翰到城里请来了几个美术和园艺修裁高手，让他们帮自己在玉米地里设计和修裁出一个大的玉米"怪圈"迷宫。

绿色的玉米迷宫很快被设计好了，约翰父子便招徕城里的游客到自家的玉米迷宫里参加捉迷藏和寻找出口的游戏，他们适当从中收取一些费用，而可口的玉米则作为纪念品赠送给游客。

没多久，这一新型的、放在大自然中的娱乐游戏深受欢迎，前来感受玉米怪圈迷宫的神奇魅力的游客越来越多。如今每年约翰家的玉米地接待的游客有15000名之多，当然他们也从中大赚了一笔，其收入比之前单纯卖玉米要多出无数倍。

无独有偶，在埃及，有一个地理位置偏僻、资源贫乏的村庄，村里文盲人口众多，因此多年来这个村庄一直是埃及最贫困的村庄之一。虽然一届又一届的村长都想尽办法脱贫致富，但最终都因为没有什么有效的办法而不了了之。所以，当其他的村落都一个个发展富裕起来后，这个村庄依然还是跟几千年前的古埃及村庄一样，贫穷而落后。

不过，每一届村长都没有放弃努力。后来，一位"空降"来的村长突发奇想，既然他们现在的村庄和几千年前的古埃及村庄基本上没有什么太大的区别，那么就干脆在贫穷落后上做足文章，打造出一个现实版、活着的"古埃及村庄"，人们都有好奇心理，这样一定会吸引不少人过来参观旅游。

于是，这位村长便开始带领村民在原有的基础上，把村里所有的房屋都改建成古代埃及时的模样，然后，村长又精心挑选了250名村民，其中有老人、孩子、妇女和青壮年，让他们住进改造后的"古埃及村庄"，并将他们的生活全都"古埃及化"，让他们完全按照几千年前古埃及人的样子来生活，每天都牵着牛羊出去干活，拉磨，力争打造出一种原始社会的氛围。

另外，村长还请来了植物学专家，请他们帮助重新恢复了在埃及灭绝了1900多年的纸沙草的种植，并且让这些纸沙草成为埃及传统手工编制工艺品的原料，仅这一项就为近万人提供了就业的机会。

这个计划非常成功,在"活着的古埃及村落"、"最原始、最原汁原味的古埃及文明"这样的宣传口号下,一下子吸引了众多外来旅游者,人们纷纷从世界各地赶来,目的就是来看看人类历史上的古埃及人到底每天是怎么生活的。

而250名之外的其他村民,在村长的安排下负责后勤保障工作,为游客们提供餐饮、住宿等服务,或者推销旅游纪念品。

结果,仅用了一年的时间,这个村落就发生了翻天覆地的变化,旅游收入让他们个个腰包鼓了起来,彻底脱贫,过上了富裕的生活。

从单纯的种玉米到打造玉米绿色迷宫,从始终如一地守贫到"因贫"利导的古埃及村落,这是一种思维方式的转变,而且这种思维方式的转变带来的是令人瞠目结舌的美好结果。

工作中也是一样,如果你不能直接达到目的,那就换个角度去思考,有时候"曲线救国"也会是实现目标的捷径。

## 用积极的心态面向未来

"心态"在很大程度上决定了一个人的人生成败。最初的心态就决定了最终的成就。在人的一生中,总有艰难挫折,如果消极悲观,就很难获得成功,而若拥有了积极的心态,就能够发挥自己的潜能,便会使你产生力量,令你如愿以偿,实现自己的梦想。

她出生在中原腹地一个普通家庭。她小时候就显得与众不同,用她母亲的话说:"太费气,恨死人!"但说这话时,她母亲却有一种自豪藏在笑中。

她爱闹、爱笑、爱尖声大叫，沉寂的家有了活力。同龄孩子中没有能拼过她的，嘴皮子、手脚、脑瓜，包括帮母亲吵架和保护自家的地摊生意。

父亲给上中学的姐姐买了自行车，姐姐还没学会，她倒会了，为此她没少和姐姐打架。那天，姐姐一不留意，她骑上了自行车就跑。就这次，她被一辆大卡车刷到了轮子底下。醒来时，腿没了，右腿截肢，左腿肌肉全部坏死。

刚看见自己腿没了的时候，她"哇"的一声哭出来，父亲和母亲赶忙进来，她戛然而止，因为他们都在哭，她强作镇定地说："没事！我还是我！"医生割她右大腿的皮肤往左小腿移植，持续了两年，不停地打针、烤电，她竟从没哼过一声。

出院时，她右腿装了假肢，左腿半残，只能拄着双拐走路。但回到家后，从第一天开始，她竟又开始练骑自行车！母亲哭笑不得："祖宗！你只要别再让我费气，我养你一辈子！"她大声笑道："你放心吧，我给你练个女老板出来！"

她倔，想干啥没人能劝得住。她不怕疼，敢往死里拼。两三年，她学会了骑自行车，而且不用双拐也能走路了，要是慢点走的话，几乎没人能看出她没腿。

她又让母亲"费气"了，她要当老板。

她先到了郑州，在一家广告公司打工，攒了点钱后，又寻找挣钱多的工作，首选了药品推销。为了做成一桩生意，她在人家医院药剂科门口蹲了三天，结果被她"蹲"赢了，开始出业绩了。她急，一心只想赶快挣够当老板的钱，结果因为没经验，急中出错，在一笔大生意中被人骗了，她没收到钱，人家却提走了货。白干了几年，又身无分文了。

她决定重新开始。她又回到了洛阳，从头打工。但这次她运气坏，换了几个老板，大都被骗了工，她穷得连找工作的衣服都没有了，找工作时得借别人的衣服穿。后来，她做了一家品牌洗涤液的业务员，底薪300元，卖一瓶提成一元，多卖就能多得钱，她的拼劲立刻又上来了。这两年，连公司老板都说她是个"疯子"，直到她装假肢的腿磨烂滴血晕过去，客户才发现她装着假腿，而在晕过去之前她还在若无其事地谈笑风生！就这样，两年，她攒了10万元钱。

她租了个门面，加盟某女子连锁美容机构，正式开店，当起了老板。但打工和当老板不是一回事，商界的许多手段跟诡计她还是跟不上的，结果又把辛苦挣的钱全赔光了，转让了店后还欠着债。她只好再去打工，又搞医药促销，半年赚了两万多元，算是把债务还清了。

凡认识她的人都说她"心比天高，命比纸薄"。父母和亲友轮番苦劝，说不要再折腾了，安生就是福，她笑着说："谁说我赔了，上大学还要交学费呢，我快学成了！"她那笑嘻嘻的脸上，一点输的样子也没有。

她借了几万元开了个女子美容店，结果又赔了。她不得不再次放下老板梦，去做义工，帮助医院接送病人。不过，这次对她来说是一次"励志大学"，她发现有好多人是真正的不幸，和他们相比，自己还算是幸运的，也是理应拼搏下去的。工作的同时，她在网上购物商城开了个网店，当起了网上女老板。结果，这次她成功了，几个月下来就赚了6万元。

就在这时，她有了男朋友。男朋友是一个健全人，也是苦苦创业之人，两人非常谈得来，很快，两人在出租房里结婚了。就这样，两个30多岁的创业人，以婚姻联手从零起步。婚后，他曾这样问过她："你自卑过没有？"她笑道："有过，但一露头我就把它砸下去了，咱是用骨头创业，软不得！"

心态决定了一个人的发展方向，如何把握自己的心态是获得成功的动力，是人生最大的难题之一。对于那些敢拼能赢的人而言，积极的心态就是他们的特长，在各种不利的因素中，他们能及时调整自己的心态，重新振翅飞翔，强者的心态铸就强者的命运。

## 没有永恒的冬天

人生有高点也有低点，这是很正常的事情。一个人能否被人认可和接受，关键是看这个人的心态和价值观。当你被困难纠缠的时候，要敢于直面困难，用自己的双手征服困难，挺直腰杆来承担一切，让事情往好的方向发展；当你被胜利笼罩的时候，你应该冷静下来，看清你周围一切缥缈的东西，找到不足的地方并加以改进，那么，你人生中就会少一些低点，多一些高点了。只要我们去积极适应和改造环境，那么，困难的冬天很快就会过去，胜利的春天马上就会到来。

于智博，世界500强企业联想集团的总裁高级助理。他21岁被当时全球最大电脑商戴尔电脑公司聘用，先后在3个重要部门任职。2009年，他毕业于哈佛大学商学院，曾是花旗银行10名"全球领袖计划成员"之一。在人们交口称赞他取得成功时，更被他背后的故事所感动。

9岁时，于智博的父母离异，他从上海转学到了成都，与爷爷奶奶一起生活。"转学时，我本应读小学四年级，但参加了当地学校的入学考试，成绩不好，结果又降了一个年级，从三年级开始读。"

初到异地，于智博听不懂"川音"，常常被同学们嘲笑，但这并没有对他产生太大影响，一来老师及时制止了他们；二来他整天想得最多的还是去外面操场跑两圈、打打球。他实在太喜欢体育了，其他的事情不太往心里去。

对于智博的学习成绩,父亲说:"80分左右就行了,掌握基本知识和理论就够了,为了几分点灯熬油不值得。"

有一次,母亲被学校"邀请"参加了他的家长会,那次考试他综合排名在全班倒数第三,数理化成绩倒数第一,母亲回来后,狠狠地打了他。不过,父母也没有以耽误学习为由反对他参加校田径队。

于智博当时是校田径队的主力,每天训练时的奔跑,是他释放学业压力和树立信心的办法,他说:"小时候,是觉得好玩,中学时,体育成了我自尊心的避风港。田径场上锻炼的意志和吃苦精神,是在课堂上体会不到的。"

16岁那年夏天,于智博成为美国俄勒冈州中部的密歇尔高中毕业班的一名留学生。作为镇上唯一的一所中学,密歇尔高中是全俄勒冈州里规模最小的高中,于智博当时的心理落差挺大,"全校学生还不到50人,学校只有一座连排的平房"。

刚来美国的头3个星期,于智博发现自己原有的英语底子十分有限,跟同学校的老师、同学交流时感觉很吃力。于是,他便下定决心苦学英语,听录音并大声模仿,"我不怕出丑,跟着重复同学和老师所说的话,多与当地人交流,模仿他们讲话时的口吻和语气。"两个月的时间,于智博基本掌握了美式英语的发音,"年轻的时候,只要想学,挺容易上手的"。

进入高中毕业班后,没想到令于智博在中国上学时最头疼的数理化,在美国竟让他"大出风头"。"美国高中三年级的数理化内容是我在国内初三就学过的,在那边,我考试基本上八九个离十地拿满分,还被提拔成数学老师的助教"。因为表现出众,于智博代表优秀学生在高中毕业典礼上发言。会后,校长私下跟他说,若不是他最后用中文说了句"谢谢大家",他差点忘了他是位外国学生。

考虑到自费留学和成绩等个人条件,在选择大学的时候,于智博选择了

255

"一所又小又便宜的大学"——东俄勒冈大学。

在东俄勒冈大学上了一年后,于智博开始计划自己人生的下一步——转学去名牌大学深造。经过反复权衡,于智博决定转到密歇根州立大学,攻读供应链专业。"密州大不仅学费比其他同级大学便宜,而且它的商学院拥有全美排名第一的供应链管理系"。

进入密歇根州立大学后,于智博成功牵头筹办了学校里第一届中国供应链论坛,因此获得了学院里学生的个人最高奖项——"最佳学生"。后来,这个论坛保留了下来,还设立了相关的奖学金。

从密歇根州立大学毕业后,于智博在戴尔总部工作了3年,25岁的时候,他觉得自己还需要学习一些东西,便决定报考哈佛商学院,不过,这次有点小曲折,GMAT(经企管理研究生入学考试)测试他考了3次才通过。

蜗牛只要能够爬到山顶,和雄鹰所看到的景色就是一样的。这是于智博最喜欢的一句话。"人生有多个起跑线,也许我现在落后于人,但并不见得会永远落后于人,找到属于自己的最佳匹配,才是最重要的。"

2008年,美国爆发了金融危机。这一年年底,也就是哈佛大学商学院毕业生们离开学校四处求职的时候,于智博一下子拿到了5家机构的聘书,分别是花旗银行、三星株式会社、LG电子、苹果计算机和美国篮球联盟(NBA总部)。于智博选择了到花旗银行工作,尽管与其他4家公司相比,花旗银行给的待遇是最低的,但是在"工作中可以锻炼的能力和学到的东西是其他4家公司的数倍"。

正当他在花旗银行崭露头角的时候,2010年,于智博毅然做出了一个让很多人觉得不可思议的决定——回国发展。

对此,父亲很赞成。于智博说:"在戴尔和哈佛,尽管有同事之间的合作,但主要是一种个人英雄主义式的战斗。今后的岗位需要的是协调各方,进而领导多个部门,需要更多的韧性和付出更多的辛苦。"

很多人都认为,自己是输在了起跑线上,而于智博的故事告诉我们,一个人在今天能否取得成功,是否能够取得骄人的成绩,与他的过去关系不大。"未来的成绩取决于你现在迈出的每一步,而不是你曾经在起跑线上的表现"。

## 就为这一次

其实,世界上最大的敌人往往就是你自己,最大的困难来源于你的头脑。哲人说,做得到与做不到,往往就在人的一念之间。其实成功最重要的一步,就是要说服自己勇往直前。要相信自己能克服一切难题,而不是还没开始行动就预想到所有可能出现的障碍和挫折,败给自己的想象,败在自己为自己设置的限制和不信任上。

1884年,法国政府将一尊象征自由的纪念雕像,作为庆祝美国独立100周年的礼物赠送给美国,这就是自由女神像,现位于美国纽约市曼哈顿以西的自由岛上,她手持火炬矗立在纽约港入口处。自由女神像连基座高约93米,由3073只铆钉装配固定在支架上。据统计,它每年大约要受到600次雷击。

美国一位摄影师杰·费恩,为了拍摄到闪电击中自由女神像的照片,从18岁开始,就一直关注着天气预报,只要有暴风雨时,他就早早地蹲守在曼哈顿的巴特利公园里架好照相机耐心地守候着。

就这样过了一年又一年,在雷电交加的时刻,费恩对着自由女神像,拍摄了一张又一张的照片。可是，这些拍摄出来的照片都令他不满意。但他一直没有停止，竟一直拍摄到了58岁。

2010年9月22日晚上8点45分，费恩终于拍摄到了一道闪电击中自由女神像的照片。这张自由女神像被雷电击中的照片，被美国国家博物馆作为国宝级收藏，称为摄影作品中的经典。

40年的等待，才拍摄到了一张被雷电击中的精彩照片，这是怎样一种坚持啊！费恩在接受记者采访时说道，那天天上一共闪了81道闪电，最后才有一道闪电击中了自由女神像。他说，能拍摄到这张照片只能说我走运，这种机会也许一生只有一次。

40年，就为这一次。

## 就是不放弃

生活中我们会遇到各种各样的难题，或是降薪离职，或是人际关系亮红灯，或是信用危机、债务缠身等，无论是什么危机，也无论有多少危机其实都没关系，重要的是我们如何去面对危机，用什么心态去对待它，是怨天尤人、自暴自弃还是乐观面对、奋斗不息。

林肯，终其一生都在面对挫败，八次竞选八次落败，两次经商失败，甚至还精神崩溃过一次。有好多次，他本可以放弃努力，但他并没有如此，也正因为他没有放弃，才成为美国历史上最伟大的总统之一。

以下是林肯进驻白宫前的简历：

1816年，家人被赶出了居住的地方，他必须工作以扶养他们。

1818年，母亲去世。

1831年，经商失败。

1832年，竞选州议员但落选了。

1832年，工作也丢了，想就读法学院，但未如愿。

1833年，向朋友借钱经商，但年底就破产了，接下来他花了十六年时间，才把债还清。

1834年，再次竞选州议员，成功当选。

1835年，订婚后即将结婚时，未婚妻却去世了，因此他的心也碎了。

1836年，精神完全崩溃，卧病在床六个月。

1838年，争取成为州议会的发言人，未能成功。

1840年，争取成为选举人，失败。

1843年，参加国会大选，落选。

1846年，再次参加国会大选，这次成功当选并前往华盛顿特区，表现可圈可点。

1848年，寻求国会议员连任失败。

1849年，想在自己所在的州内担任土地局长的工作，遭到拒绝。

1854年，竞选美国参议员，落选。

1856年，在共和党的全国代表大会上争取副总统的提名，得票不到一百张。

1858年，再度竞选美国参议员——再度落败。

1860年，当选美国总统。

为何林肯能走到最后？"这不过是滑了一跤，并不是死去而爬不起来。"林肯在竞选参议员落败后如是说。